·高等学校计算机基础教育教材精选·

数据库原理学习与实验指导

张艳霞 罗梅 编著

清华大学出版社
北京

内容简介

本书是数据库原理(及应用)相关课程的教师教学和学生自主学习的指导用书。全书包括5个部分,内容分别为课程的教与学、知识点总结、典型例题解析、实验指导及附录。

本书内容涵盖了数据库原理(及应用)课程的相关理论和应用知识,实用性强,可读性高,可作为高等学校计算机相关专业数据库原理(及应用)课程的辅助教材,供学生复习总结及上机练习提高,也可供从事数据库相关领域工作的人员参阅,还可作为研究生入学考试及数据库系统工程师等相关考试参考使用。

图书在版编目(CIP)数据

数据库原理学习与实验指导/张艳霞,罗梅编著. --北京:清华大学出版社,2014
高等学校计算机基础教育教材精选
ISBN 978-7-302-37243-1

Ⅰ. ①数… Ⅱ. ①张… ②罗… Ⅲ. ①关系数据库系统-高等学校-教学参考资料
Ⅳ. ①TP311.138

中国版本图书馆CIP数据核字(2014)第154076号

责任编辑:龙启铭
封面设计:傅瑞学
责任校对:焦丽丽
责任印制:刘海龙

出版发行:清华大学出版社
网　　址:http://www.tup.com.cn, http://www.wqbook.com
地　　址:北京清华大学学研大厦A座　　**邮　　编**:100084
社 总 机:010-62770175　　**邮　　购**:010-62786544
投稿与读者服务:010-62776969, c-service@tup.tsinghua.edu.cn
质量反馈:010-62772015, zhiliang@tup.tsinghua.edu.cn
课件下载:http://www.tup.com.cn,010-62795954
印 装 者:三河市吉祥印务有限公司
经　　销:全国新华书店
开　　本:185mm×260mm　　**印　　张**:13　　**字　　数**:299千字
版　　次:2014年9月第1版　　**印　　次**:2014年9月第1次印刷
印　　数:1~2000
定　　价:29.00元

产品编号:059713-01

前言

数据库原理(及应用)是一门理论性和实践性都很强的面向实际应用的课程,课程具有知识点多、涉及面广、内容抽象、不易理解、理论性强等特点,编者在教学中深有体会。因此,在教师讲授和学生学习的过程中很有必要有一本教与学的指导书,内容包括立体化的章节知识点总结、典型例题解析及上机练习指导,以此来提升课程教学效果,尤其是能够充分帮助学生课下的自主学习。编者抽出时间和精力,尽力写好该书,希望能把近年来教学中的心得写下来,为学习者提供帮助。若能如愿,将倍感欣慰。

本书分为 5 个部分,内容体系如下图所示。

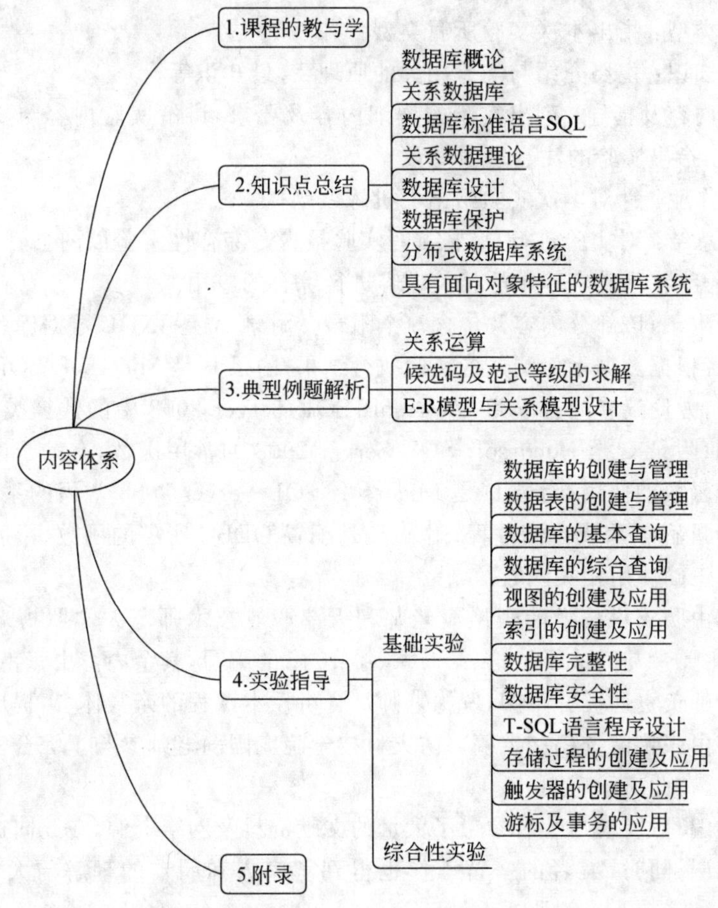

第 1 部分课程的教与学(绪论),该部分从课程的性质与目标、课程特点、课程基本内容、课程基本要求、教师的教与学生的学几方面展开,一方面便于学习者全方位的初步了解该课程;另一方面,也希望我们多年来课程教学中的做法和心得能给读者一些启发,为各位读者提供帮助。

第 2 部分知识点总结(第 1 章至第 8 章),该部分内容主要是针对课程涉及的各章节知识点进行具体的总结与分析。在学习过程中,大部分同学反映课程概念多,部分内容抽象,难理解,针对这一现状,我们对知识点进行了较为详细的汇总,并呈现知识点之间的联系,供学习者课下自主学习过程中参考,便于学习者构建课程完整的知识体系。

第 3 部分典型例题解析(第 9 章至第 11 章),该部分内容包含关系运算、候选码及范式等级的求解和 E-R 模型与关系模型设计共三个模块。在数据库原理(及应用)课程的教学中,这三个模块的内容对于大多数同学来说是难点,同时也是数据库原理(及应用)课程的重点与核心,故在编写中给出这三部分内容相应的典型例题,并加以详细解析,便于学习者通过习题与案例深入理解各部分内容,并能熟练应用。

第 4 部分实验指导(第 12 章至第 13 章),该部分内容包括基础实验和综合性实验两个部分。其中,基础实验以教学管理(JXGL)后台数据库为例逐步展开,共包含 12 个实验,每个实验的编写体系如下:

(1) 实验目的:列出本次实验的主要目的;

(2) 实验类型:指出本次实验所属类型;

(3) 相关知识:主要介绍与实验相关的原理、背景知识等;

(4) 实验内容及指导:列出实验的详细内容及要求,讲解实验内容与要求的关键步骤、重点、难点,指出实验的注意事项;

(5) 实验作业:针对本次实验给出上机练习题;

(6) 实验总结:对实验进行总结,撰写实验报告。综合性实验以图书管理(TSGL)数据库为案例展开,将基础实验中的相关内容进行综合的应用。

第 5 部分附录,该部分内容共包含 5 个附录。附录 A 是 JXGL 数据库各数据表数据示例,以便读者根据数据示例测试各实验执行结果;附录 B 是 Micorsoft SQL Server 2008 基本数据类型,方便读者综合学习 Micorsoft SQL Server 2008 中的数据类型,在实验应用时及时查到;附录 C 是 Micorsoft SQL Server 2008 的常用函数,有助于读者在实验过程中查阅相关函数的使用;附录 D 是 Micorsoft SQL Server 2008 常用的系统存储过程,帮助读者全面了解各系统存储过程;附录 E 是配置 ODBC 所需的函数,帮助读者在配置 ODBC 实验中正确使用相关函数。

本书内容由防灾科技学院张艳霞老师和天津职业技术师范大学罗梅老师编写。其中,罗梅老师主要参与完成了绪论、第 9 章、第 10 章的编写,其余内容由张艳霞负责编写。全书由罗梅老师负责通读并审阅,罗梅老师结合讲授本课程的亲身体会,提出了许多宝贵的建议。最终由张艳霞统稿和定稿。防灾科技学院庞国莉老师参与了综合实验中部分程序的调试工作,在此表示感谢。

在本书的编写过程中,编者参考了大量的文献资料及网络资源,在此向这些资源的作者表示衷心感谢;同时,编者的辛苦工作也得到了家人和朋友的理解与大力支持,谢谢你们！

由于编者水平有限，书中难免会有疏漏或不妥之处，恳请各位读者批评指正。同时，编者希望能与热爱教科研、忠于教师职业的数据库同行们交流经验，在实现资源共享的同时，构建一个良好的教师研修共同体（校际交流 QQ 群：327306232）。愿各位读者在学习过程中，通过不断地反思与总结能有更多的收获，欢迎各位读者与编者交流学习体会，在数据库理论及相关技术的学习中，我们共同努力，一起进步（DB 学习交流 QQ 群：247884809；编者邮箱：zhangyanxia@cidp.edu.cn）。在此特表示感谢！

目录

绪论：课程的教与学

0.1 课程性质与目标

数据库技术是数据管理的最新技术，是计算机科学的重要分支。数据库技术是目前发展最快、应用最广泛的计算机领域之一，是计算机信息系统的基础和核心，而且，数据库技术极大地促进了计算机应用向各行各业的渗透。数据库的建设规模、数据库信息量的大小和使用频度已成为衡量一个国家信息化程度的重要标志。因此，学习并掌握数据库技术，是对计算机各相关专业学生的基本要求。

“数据库原理(及应用)”是计算机学科各专业的一门必修专业基础课，也是某些非计算机专业的必修课或选修课，它为许多相关学科提供利用计算机技术进行数据管理的基本理论和实践知识。

“数据库原理(及应用)”课程系统讲述数据库系统的基础理论、基本技术和方法。通过本课程学习，使学生在掌握数据模型、数据库管理系统、数据库语言及数据库设计等基本理论知识以及最新的数据库技术的基础上，逐步具有设计和开发数据库的能力，为进一步设计和开发大型信息系统打下坚实基础。

0.2 课程特点

数据库技术研究如何存储、使用和管理数据，因此“数据库原理(及应用)”具有很强的理论性和实践性。随着计算机应用的发展，数据库应用领域已从数据处理、信息管理、事务处理扩大到计算机辅助设计、人工智能、办公信息系统等新的应用领域。而且，本课程概念多、实践性强、涉及面广，在教学中应理论和实践并重，课堂教学要与实验、课程设计或专业实习等相结合。

同时，数据库技术的发展十分迅速。为适应数据库技术的发展，在教学中应介绍学科的新成果和应用的新方向，保持课程的先进性、科学性和实用性。

0.3 课程基本内容

“数据库原理(及应用)”课程的基本内容大概如下：数据库系统的基本概念、数据模型、E-R 模型与关系模型；关系数据库的基本概念、关系代数、关系演算；关系数据库标准语言 SQL；数据库安全性和完整性的概念和控制方法；关系规范化理论；关系数据库设计步骤和方法；触发器、存储过程和 ODBC 编程；关系查询处理和查询优化；数据库恢复技术和并发控制等事务管理基础知识；数据库新技术等。

通过研究关系代数、函数依赖、多值依赖、关系模式的分解，让学生打下扎实的关系数据理论基础。在数据库基本理论的基础上,结合某种数据库管理系统如 SQL Server,学习关系数据库标准语言 SQL、关系数据库的设计方法及数据库安全性和完整性控制策略,使学生掌握关系数据库开发和实现技术。通过研究数据库恢复和并发控制技术使学生学会维护数据库系统。通过简单介绍分布式数据库、数据挖掘等数据库技术的研究动态使学生了解目前数据库发展的前沿技术,在理论和实践上为学生的后续发展打下坚实基础。

0.4 课程基本要求

学习本课程之前,学生必须掌握计算机的相关基础知识,较为全面地了解和掌握计算机程序设计方法、数据的表示和存储结构、集合论与图论等方面的专业知识,所以本门课程的先修课程为"数据结构"、"操作系统"、"离散数学"等。教师在教学过程中也应注意帮学生分析该课程与先修课程之间的关系,以便于学生形成整个专业知识的有机体系。

0.5 课程讲授方法

教学是教师的教和学生的学所组成的一种人类特有的人才培养活动。教师作为教学活动的主导,要提升教学效果,需要从以下几方面努力。

0.5.1 注重自身专业发展

作为承担教书育人使命的教师,有义务培养学生的学科思想并对学生进行学科人文素养,因此,教师自身首先要博学多识、修身养性,这样才能在授课过程中将学科思想方法潜移默化地传输给学生,并培养学生的学科人文素养。比如在上"数据库原理(及应用)"的第一节课时,可以向学生简介三位在数据库领域做出杰出贡献的图灵奖获得者:"网状数据库之父"或"DBTG 之父"查尔斯·巴赫曼、"关系数据库之父"埃德加·科德和詹姆斯·格雷。在讲授层次模型、网状模型和关系模型时,可以用伟大的科学家爱因斯坦的一句名言"一切事物都应该尽可能地简单,但又不能过于简单"来向大家解释为什么关系数据库如此流行,但是同时,关系模型是二维表,而不是简单的一维结构。

同时,教师还要有坚实的专业理论基础和很强的实践动手能力。因此,教师要努力钻研业务,积极参加科研活动和系统开发以积累丰富的实践经验,而且要将理论与实践相结合,这样,在授课过程中才不会理论与实践脱节,也能更得心应手地指导学生。"数据库原理(及应用)"课程的授课教师如果没有实际的项目开发经验,那么在授课过程中就如同纸上谈兵,自己都会感觉心中没底,更不可能生动地解释各种较抽象的概念和原理,也有可能让学生对老师的能力产生怀疑从而放弃课程的学习。

其次,教师还要努力钻研教学。教学有法,教无定法,贵在得法。如果教师不懂教学规律和方法,那么即使教师的专业知识再扎实,实践经验再丰富,也难以在授课过程中体现出来,更不可能达到理想的教学效果并提高学生的综合素质。"数据库原理(及应用)"这门课程兼具较强的理论性和实践性,因此,在授课过程中就应该有针对性地采用多种教学方法。如在讲解 SQL 语言这部分内容时，如果教师只是一味地讲授，就很容易让学生产生厌学情绪，这时就可以采用任务驱动教学法和协作学习教学法相结合的方式进行教学。这样，不仅增强了学生学习的兴趣，提高了学生自主学习的能力，也培养了学生的团队合作精神和能力。再如，数据库设计是"数据库原理(及应用)"课程的重要内容，教师可以采用案例教学法进行教学，采用研究型学习小组协作的方法让学生在实现实践项目的过程中，深入理解数据库设计各阶段的工作任务，培养熟练应用设计方法解决实际问题的能力，最终提高教学质量。

最后，教师还要了解教学对象，有的放矢实施教学。教师要了解学生的身心特征，要了解学生对先行课程的学习情况，要了解学生所在班级的班风情况，还要了解其学习该课程的动机。尽早发现问题，尽早找到解决办法，并有针对性地实施教学。

0.5.2 激发兴趣

爱因斯坦说："兴趣是最好的老师。"俄国作家托尔斯泰说："成功的教学所需要的不是强制，而是激发学生的兴趣。"美国心理学家布鲁纳说："学习的最好动机，乃是对所学教材本身的兴趣"。可见，能使学生在愉悦的气氛中学习，唤起学生强烈的求知欲望是教学成功的关键。所以教师有责任激发学生的学习兴趣。只有让学生对"数据库原理(及应用)"课程产生浓厚的兴趣，他们才会主动去求知、探索、实践，并在求知、探索、实践中产生愉快的情绪和体验。要激发学生的学习兴趣，需要做到如下几点。

首先，巧设教学情境。教师应根据学生的认知规律创设条件，引导学生主动学习、探究，成为学生学习过程中的组织者、引导者和协助者。教师在教学中要根据学生的生活经验，善于创设让学生感到亲切的教学情境。如，在讲到数据库的设计与实现时，教师可以描述这样一个情境：有很多同学在机房上课之后丢失了 U 盘，而 U 盘又被其他人拣到了，却不知如何归还给失主。这时，大家会想到怎样用计算机来帮助我们实现失物招领的功能呢？这样就让学生觉得日常生活中的很多问题都可以用计算机特别是数据库来解决，就会对数据库知识感到亲切，从而产生学习兴趣和动机。

其次，肯定激励学生。教师要关注学生个体差异，让每个学生得到全面发展。尊重学生、面向全体学生是激发学生学习兴趣的重要手段。每个学生的学习能力和方法都不一样，作为教师，应该努力让每一个学生都取得进步，对于每个学生取得的成绩都应该及时予以表扬和肯定。学生在享受成功的快乐中，能更强地激发学习兴趣。

最后，实施启发式教学。我国教育家孔子说："不愤不启，不悱不发。举一隅不以三隅反，则不复也。"启发式教学的基本要求是在教学过程中强调学生是学习的主体，调动学生的学习积极性，实现教师主导作用与学生积极性相结合；强调激发学生内在的学习动力，实现内在动力与学习的责任感相结合；强调理论与实践联系，实现书本知识与直接经验相结合。如"数据库原理(及应用)"的关系规范化理论是课程难点之一。为了启发学生思考并理解不同范式的区别，教师可以首先让学生看一张有至少 2000 个记录的只满足第一范式的关系。并提问："如果让大家抄写这样一张表格，大家的感觉是什么?"同学们肯定会回答："累"。老师可以继续问："那怎样分解这张表格才能减少重复数据以降低抄写工作量呢?"然后逐步分析不同范式，这样，授课效果就会较好。

0.5.3 富有耐心

《学记》中说,“亲其师而信其道”。要让学生感到老师既是师长,也是最可亲近并可以与之坦诚相待的朋友。学生只有和老师亲近了,才会信任老师,相信老师的所说所为,接受老师的教育。

想让学生亲近教师,首先需要教师尊重学生,从而构建起一个平等的关系,让学生乐于跟老师交流,师生之间有了互动,才有提高教学效果的可能。在教学过程中,教师还要对学生怀着一颗宽容之心,用学生的大脑去思考,用学生的眼光去看待,用学生的兴趣去爱好。有了这份情感,教师的爱就有了基础,师生心里就有了共鸣,教师的奉献就有了可能。同时,对学生无意或有意中犯的错误不要过于苛责,而是以一种温和的态度指出并帮助其改正。另外,教师还要对学生一视同仁,不能厚此薄彼。公正的教师是最受学生欢迎的,如果不能一视同仁,就会在学生中造成不好的影响,甚至影响学生的身心健康。最后,教师要能及时发现学生在生活和学习中的困难。在课堂教学中,要多观察每名学生与教师的互动情况,如果发现学生的困难,要及时帮其解决。

0.5.4 注重开端

很多学生把课程的第一次课当作试听课,如果感兴趣或听得懂才会继续来上课。所以,对教师来说,讲好每一门课程的第一次课是非常重要的,教师要精心准备第一次教学内容。在上“数据库原理(及应用)”课程的第一次课时,老师可以首先打开百度等搜索引擎,输入关键词“历史上的今天”,网页上就会显示很多在历史上发生于同一天的大事,相信可以立即吸引大多数同学的注意。然后,教师引导学生理解数据库在网站中的重要地位和作用,引起学生对于学习本课程的兴趣。之后,再举几个大家生活中常见的离不开数据库的例子,如国家指纹库、国家人才库、机动车辆信息库等。

“数据库系统概述”是“数据库原理(及应用)”的第1讲,讲好该讲的内容对整门课程非常重要。教师要重点讲清诸多概念及这些概念与课程的关系。如三个世界、数据模型、关系模型、E-R模型等。在学习这些概念时,很多学生对“抽象”的含义和作用感觉模糊,教师可以通过播放“九方皋相马”的寓言故事帮助学生理解抽象的含义是抽取本质、忽略非本质的细节。

对于每次课来说,每节课的开始几分钟也是关键,教师要精心准备导入内容来激发学生对本节课的兴趣,并帮助学生建立本节课内容与上节课内容之间的逻辑关联,从而在原有的认知结构基础上逐步形成综合的知识网络,最终构建本课程完整的知识体系。

0.5.5 优化内容体系

首先,对课程内容适当进行增减。在“数据库原理(及应用)”课程中,需要增加的内容主要是其与先行课“程序设计语言”、“离散数学”和“数据结构”等之间的关系,让学生从专业的整体角度理解各门课程之间内在的联系,形成更大的知识网络。对后继课程“软件工程”和“网络数据库应用”之类的课程中作为主要内容的需求分析和存储过程等内容,在“数据库原理(及应用)”课程中可以适当减少授课学时,把主要精力放在其主要和重点内容上。

其次，注重理论知识与实际操作相结合。“数据库原理(及应用)”课程的理论并不是空洞、抽象的理论，它的许多实现技术源于实际需要，并通过研究后不断完善。“数据库原理(及应用)”中的概念都能在实际数据库中得到体现，因此，教学中要把数据库的基本概念、原理和实现技术与数据库案例相结合，通过分析案例来实现对原理的深入理解。在学习本课程之前，学生对数据库的知识几乎是空白，对于每一节课的内容，教师要注重分析前后知识点之间的关联关系。如在讲到数据库三级模式二级映像时，对外模式、模式和内模式的概念以及二级映像的问题，学生会感到非常抽象，但同步于 SQL 数据库的建立、表的创建及视图的使用时，回过头来再让学生体会数据库三级模式的内容，就会感到豁然开朗。既掌握了理论知识，又巩固了相应实践模块的实现方法，一举两得。

最后，精心设计实践内容。“数据库原理(及应用)”课程的很多内容需要在实践中进行加深理解和巩固。精心设计的实践内容能用最有限的时间达到最好的教学效果。

0.6 课程学习方法

教学需要教与学结合，教师是外因，学生是内因，要达到理想的教学效果，关键还在于学生的学习态度、勤奋程度和学习方法。学生作为教学活动的主体，要提高学习效果，需要做到如下几点。

0.6.1 态度第一

俗话说“态度决定一切”。不论是学习、工作还是生活，端正态度都是第一位的。世界上所有真正的业绩和伟大成就都离不开认真努力的工作。认真的态度能激发起学生身上的无限潜能。否则，不论他的能力再强，如果他不愿意付出努力，那他也不可能取得优秀的成绩。而一个认认真真、全心全意努力学习的学生，即使不是特别聪明，也可以在学习上取得巨大的进步。

0.6.2 动手动脑

关于动手动脑，生活中有不少相关俗语。“书读百遍，其义自见”说的是多读。“好记性不如烂笔头”说的是多记。“拳不离手，曲不离口”说的是多练。“好学深思，心知其义”说的是多思。“三人行，必有我师”说的是多问。同学们在学习的过程中，必须动手动脑，才能牢固掌握各种原理和实践知识。大家在学程序设计语言时可能都有这样的体会：书上的程序都能看懂，可是到自己写程序时却一句代码也写不出来。同样在“数据库原理(及应用)”的学习过程中，除了要多看、多记、多问之外，还有很多内容是需要学生动手练、动脑想的。比如关系代数、E-R 模型、关系模型、SQL 语言等，都需要大家在多看的基础上多练、多想并进行总结和归纳，只有这样，学习效率才会大大提高。还有一句话请大家记住：听过的会忘，看过的会记，但只有做过才会理解！

0.6.3 掌握方法

每个人都会有许多学习方法，这些方法构成了自己的学法体系，因此，只要优化了自己的学法体系，必定能大大提高学习效果，使学习真正快速有效。要学好“数据库原理(及应用)”，需要掌握高效率的学习方法，进行有目的性的、针对性的学习。“数据库原理(及应用)”课程需要记忆的东西并不多，其重点在于应用。因此，建议大家遵循“预习、听讲、复习、练习、提高”的学习思路。

预习：要掌握学习主动性并提高学习效率和效果，可以带着问题听课，这就需要预习。在预习时，需要明确学习目标、知识点的难易程度及知识重点。有了目标能增强学习的注意力与学习动机，即为了达到目标必须认真学习。带着问题去看书，有利于集中注意力，目的明确，这既是有意义学习的要求，也是发现学习的必要条件。

听课：聚精会神、积极思考、弄懂问题，并掌握重点、思路和方法。在听课过程中，要边听、边记、边画、边想，有问题即时请教老师和同学。

复习：在预习和听课的基础上，通过记忆和应用，深入学习课程的重点和难点，可以深刻理解并掌握关键问题，做到举一反三、触类旁通。复习要全面，通过归纳、反思，把握知识点间的内在联系，形成完备的知识体系，将课程知识点形成有意义的知识网络。

练习：是检验、练习、巩固和提高的过程，包括作业练习、上机实验、课程设计、考核测验等。通过分析典型题目来培养个人能力，从而提高分析问题和解决问题的能力。

提高：是通过参加小组学习、企业实习或教师的项目开发来达到综合提高的过程。理论知识的学习可以开拓人的眼界，而实践则可以把抽象的理论知识理解得更透彻。光在纸上进行数据库的设计和书写 SQL 语言是纸上谈兵，只有通过实践才能真正理解和掌握。还有，“数据库原理(及应用)”课程中的很多如范式之类的抽象的概念也可以通过在实际开发中对数据库进行优化来加深理解。

归根结底，态度＋努力＋方法是学习本门课程的唯一途径。

第1章 数据库概论

本章知识体系如图 1.1 所示。

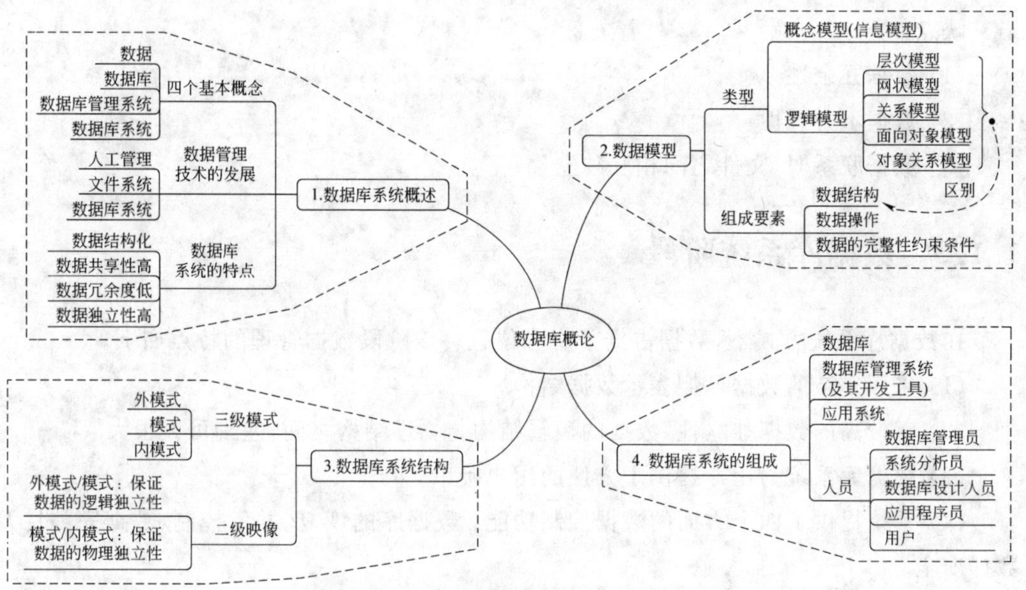

图 1.1　数据库概论知识体系

1.1　数据管理技术的发展

在数据处理中，通常情况下计算是比较简单的，而数据的管理则较为复杂。**数据管理**指的是数据的收集、整理、组织、存储、维护、检索和传送等操作。

1.1.1　人工管理阶段

该阶段的计算机主要用于科技计算。数据管理的特点如下。

(1) 数据不保存在机器中，算题时将数据输入。

(2) 没有专用的软件对数据进行管理。

(3) 只有程序的概念,没有文件的概念。数据的组织方式由程序员自行设计与安排。

(4) 数据面向应用,一组数据对应一个程序。

1.1.2 文件系统阶段

该阶段数据管理的特点如下。

(1) 数据可长期保存在外存上。

(2) 数据的逻辑结构与物理结构有了区别。

(3) 文件组织已有索引文件、链接文件和散列文件等。

(4) 数据不再属于某个特定程序,可以重复利用。

缺点如下。

(1) 数据冗余性。

(2) 数据不一致性。

(3) 数据联系弱,文件之间相互独立。

1.1.3 数据库系统阶段

在数据库系统方式下,数据占据了中心位置。该阶段数据管理的特点如下。

(1) 采用复杂的数据模型表示数据结构。

(2) 有较高的数据独立性,数据的逻辑结构与物理结构之间,差别可以很大。

(3) 数据库系统为用户提供了方便的用户接口。

(4) 系统提供了四个方面的数据控制功能:数据库的恢复、并发控制、数据完整性及数据安全。

(5) 对数据的操作不一定以记录为单位,也可以以数据项为单位,增加了系统的灵活性。

1.2 数据描述

理解 1.2.1 数据描述的三个领域

(1) 现实世界:存在于人们头脑之外的客观世界,称为现实世界。

(2) 信息世界:现实世界在人们头脑中的反映,用文字和符号记载下来,称之为信息世界。

(3) 计算机世界:信息世界的信息以数据形式存储在机器中,称之为计算机世界。

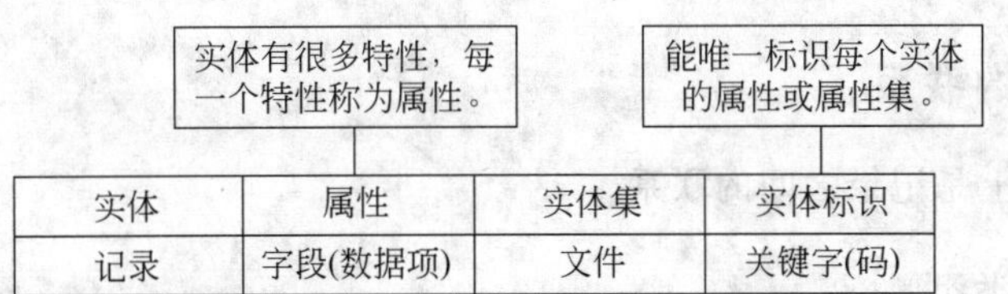

1.2.2 概念的内涵和处延

在数据库中,每一个概念都有类型和值之分。类型是概念的内涵,而值是概念的处延。

数据描述分为:

(1) 物理数据描述:指数据在存储设备上的存储方式。

(2) 逻辑数据描述:指程序员或用户用以操作的数据形式。

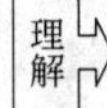

1.2.3 物理存储介质层次与存储器中的数据描述

物理存储介质层次如下。

(1) 高速缓冲存储器:数据库中通常不研究 Cache 的存储管理。

(2) 主存储器。

(3) 快擦写存储器:EEPROM。

(4) 磁盘存储器。

(5) 光存储器:如 CD-ROM。

(6) 磁带。

物理存储中的数据描述如下。

(1) 位。

(2) 字节。

(3) 字。

(4) 块:是内存和外存交换信息的最小单位。

(5) 桶:外存的逻辑单位,可以包含不止一个物理块或多个在不同空间上的不连续的物理块。

(6) 卷:一台输入输出设备所能装载的全部有用信息称为卷,一盘磁带就是一卷。

1.2.4 数据联系的描述

1. 实体内部的联系

表现在数据上是同一记录内部各字段间的联系。

如在文件系统中,主要考虑记录内部的联系。所以,整体上,文件间缺乏联系。

2. 实体间的联系

反映在数据上是记录之间的联系。

3. 联系的类型

(1) 一对一联系(1∶1)。

(2) 一对多联系(1∶N)。

(3) 多对多联系(M∶N)。

1.3 数据模型

掌握 1.3.1 数据模型的概念

模型是对现实世界的抽象,在数据库技术中,我们用模型的概念描述数据库的结构与语义。表示实体类型及实体间的联系的模型称为数据模型。

数据模型分为:

(1) 概念数据模型(如实体联系模型,简称 ER 模型(Entity Relationship))。

(2) 结构数据模型。

应用 1.3.2 概念数据模型(实体联系模型)

概念数据模型是独立于计算机系统的模型,完全不涉及信息在系统中的表示,只是用来描述某个特定组织所关心的信息结构,这类模型称为**概念数据模型**。

概念数据模型是对现实世界的第一层抽象,是用户和数据库设计人员间进行交流的工具,故在数据库前期用于进行概念设计,而后转换为计算机可实现的数据模型。

这一类中著名的是"实体联系(ER)模型",包含四个基本成分。

(1) 实体类型:用矩形框表示。

(2) 联系类型:用菱形框表示。

(3) 实体类型和联系类型的属性:用椭圆框表示。

(4) 实体类型和联系类型的连接:用直线表示。并在直线的端部标上联系的种类(1∶1/1∶N/M∶N)。

ER 模型的优点:

(1) 接近人的思维,便于理解。

(2) 与计算机无关,用户容易接受。

理解
1.3.3 结构数据模型

结构数据模型直接面向数据库的逻辑结构，它是现实世界的第二层抽象，涉及计算机系统和数据库管理系统，这类模型有严格的形式化定义，以便于计算机实现。

结构数据模型应包括：

(1) 数据结构：指对实体类型和实体间联系的表达和实现；

(2) 数据操作：指对数据库的**检索**和**更新**(插入、删除、修改等)两类操作的实现；

(3) 数据完整性约束：数据及其联系应具有的制约和依赖原则。

结构数据模型有：层次、网状、关系、面向对象等模型。

1. 层次模型

用树型结构表示实体类型及实体间联系的数据模型称为层次模型。联系类型单独成为一个记录类型，上层记录类型和下一层记录类型间的联系是1∶N。

优点：记录间的联系通过指针实现，查询效率较高。

缺点：只能表示1∶N关系；由于树型结构层次顺序严格和复杂，导致数据的查询和更新操作也较为复杂，故编写程序很复杂。

2. 网状模型

用有向图结构表示实体类型及实体间的联系的数据模型称为网状模型。实体类型和联系类型都转换为记录类型，每个M∶N联系用两个1∶N联系实现。

优点：记录间的联系通过指针实现，查询效率较高；一个M∶N联系也可以通过分拆成两个1∶N联系来实现。

缺点：编写程序较为复杂，程序员必须熟悉数据库的逻辑结构。

3. 关系模型

关系模型是由若干个关系模式组成的集合，前面提到的记录类型，在关系模型中称为关系(一张二维表)。

关系模型的主要特征是用二维表结构表达实体集，用外键来表示实体间的联系。概念简单，易为初学者理解。

关系模型与层次、网状模型最大的差别是用关键字，而不是用指针来检索数据，表格易于用户理解，SQL语言作为关系数据库的标准化语言，得到了广泛应用。

典型的关系型数据库产品有DB2、ORACLE、SYBASE、INFORMIX、Access等。

1.3.4 面向对象数据模型

虽然关系数据库的使用已相当普遍，但现实世界中仍存在许多复杂数据结构，如CAD数据、图形数据等，关系模型在这方面的处理能力显得力不从心。

面向对象数据模型是面向对象概念与数据库技术相结合的产物，其最基本的概念是对象和类。

(1) 对象：对象是现实世界中实体的模型化，与记录的概念相仿，但远比记录复杂。每个对象有一个唯一的标识符，把状态和行为封装在一起。

(2) 类：将属性集和方法集相同的所有对象组合在一起，可以构成一个类。

面向对象数据模型能完整地描述现实世界的数据结构，具有丰富的表达能力，但模型相对比较复杂。

1.4 数据库的体系结构

1.4.1 三级结构的概念

数据库的体系结构分成三级，又称为数据抽象的三个级别：

(1) 外部级：外部级最接近用户，是单个用户所能看到的数据特性。

(2) 概念级：概念级涉及到所有用户的数据定义，是全局的数据视图。

(3) 内部级：内部级最接近于物理存储设备，涉及到实际数据存储的结构。

三级模式如下。

(1) 外模式：是用户与数据库系统的接口，是用户用到的那部分数据的描述。由若干个外部记录类型组成。

用户使用数据操纵语言(DML)对数据库进行操作，描述外模式的数据定义语言称为外模式 DDL。

(2) 模式：也称为概念模式，是数据库中全部数据的整体逻辑结构的描述。

- 描述模式的数据定义语言称为模式 DDL。
- 概念模式用于连接外模式和内模式，数据按外模式的描述提供给用户，并按内模式的描述存储在磁盘中，任何一级的变化不会影响到另一级。
- 概念模式由若干个记录类型组成。不仅要描述概念记录类型，还要描述记录间的联系、操作、数据完整性、安全性等要求。

(3) 内模式：是数据库在物理存储方面的描述。定义所有的内部记录类型、索引和文件的组织形式及数据控制方面的细节。

描述内模式的数据定义语言称为内模式 DDL。

1.4.2 两级映像的概念

三级结构间的差别很大，为实现这三个抽象级别的联系和转换，DBMS 在三级结构间提供了两个层次的映像：

(1) 外模式/模式映像：存在于外部级和概念级之间，用于定义外模式和概念模式间的对应性，即外部记录和内部记录间的对应。在外模式中描述。

(2) 模式/内模式映像：存在于概念级和内部级之间，用于定义概念模式和内模式间的对应性。一般在内模式中描述。

1.4.3 两级数据独立性

数据独立性是指应用程序和数据之间相互独立、不受影响，数据的独立性又可分为数据的物理独立性和数据的逻辑独立性。

(1) 数据的物理独立性：指对内模式的修改尽量不影响概念模式(对外模式的影响当然更小)。

(2) 数据的逻辑独立性：指对概念模式的修改尽量不影响外模式和应用程序。

了解

1.4.4 用户、用户界面

(1) 用户：用户是指使用数据库应用程序的人或联机终端用户。编写应用程序的语言称为宿主语言或主语言。

(2) 用户界面：用户界面定义在外部级上，是用户和数据库系统间的一条分界线，在界线以上的外模式是用户可知的，而界线以下是用户不可知的。

数据库模式：人们常说的"定义了一个数据库"，其实就是指"定义了一个数据库模式"。

数据库：只有在数据库模式中装入数据后，数据库才算真正建立起来。

1.5 数据库管理系统

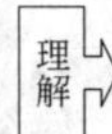

1.5.1 DBMS的功能

DBMS(数据库管理系统)：是指数据库系统中管理数据的软件系统。对数据库的一切操作，包括定义、查询、更新等都通过DBMS进行，其主要功能如下。

(1) 数据库的定义功能：提供数据定义语言DDL定义数据库的三级结构，故在DBMS中包括DDL的编译程序。

(2) 数据库的操纵功能：提供数据操纵语言DML实现对数据库中数据的操作。

(3) 数据库的保护功能包括如下：

- 数据库的恢复。
- 数据库的并发控制。
- 数据库的完整性控制。
- 数据库的安全性控制。

(4) 数据库的存储管理。

(5) 数据库的维护功能，包括：

• 数据装载程序。
• 备份程序。
• 文件重组织程序。
• 性能监护程序。

(6) 数据字典 DD：数据库中存放三级结构定义的数据库称为数据字典。管理 DD 的实用程序称为 DD 系统。

理解

1.5.2 DBMS 的组成

(1) 查询处理器：DDL 编译器、DML 编译器、嵌入型 DML 的预编译器、查询运行核心程序。

(2) 存储管理器：授权和完整性管理器、事务管理器、文件管理器、缓冲区管理器。

1.5.3 用户访问数据库的过程

用户访问数据库的过程如图 1.2 所示。

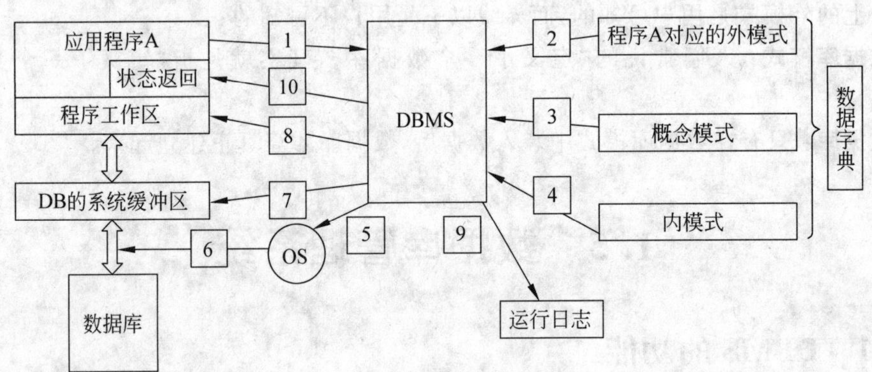

图 1.2 用户访问数据库的过程

(1) 执行应用程序中的 DML 数据操纵语句，启动 DBMS；

(2) DBMS 收到命令后加以分析调出对应的外模式，并决定其是否执行；

(3) 在决定执行应用程序 A 的命令后，调出相应的模式描述，并进行外模式/模式映像；

(4) 调出相应的内模式描述，进行模式/内模式映像确定应读入的物理记录及地址；

(5) DBMS 向操作系统发出指定地址读物理记录的命令；

(6) OS 执行读命令，把指定地址的物理记录读入 OS 的系统缓冲区，进而读入数据库的系统缓冲区，并在操作结束后向 DBMS 作出响应；

(7) 随后，DBMS 将读入系统缓冲区中的数据转换成概念记录、外部记录；

(8) DBMS 将导出的外部记录从系统缓冲区送到应用程序 A 的变量区中；

(9) 向运行日志数据库中读入一条记录的信息；

(10) DBMS将读记录操作成功与否的信息返回给应用程序A。

1.6 数据库系统

理解 1.6.1 DBS的组成

DBS(数据库系统)是指采用了数据库技术的计算机系统,其基本目标是提供给用户使用数据库的环境,其组成如下。

(1) 数据库(DB): DB是与一个特定组织各项应用有关的全部数据的集合。

(2) 计算机硬件。

(3) 软件: 包括DBMS、OS、各种宿主语言和应用开发支撑软件等程序。

(4) 人员: 数据库管理员DBA、系统分析员、数据库设计人员、应用程序员和最终用户。

理解 1.6.2 DBS的全局结构

DBS的全局结构如图1.3所示。

(1) 最终用户: 使用应用程序的非计算机人员,其界面为应用程序的运行界面。

(2) 应用程序员: 使用宿主语言和DML语言编写应用程序的计算机工作者。其界面是应用程序。

(3) 专业用户: 数据库设计中的系统分析员,使用专用的查询语言操作数据。其界面是数据库查询。

(4) DBA: 是控制数据库整体结构的人,负责数据库物理结构与逻辑结构的定义和修改。其界面是数据库模式。

(5) 嵌入式DML预编译器: 把嵌入在宿主语言中的DML语句预处理成宿主语言的过程调用形。

(6) DML编译器: 对查询或程序中的DML语句进行优化,并转换成"查询运行核心程序"能执行的低层指令。

(7) DDL编译器: 编译或解释DDL语句,并把它登录在数据字典DD中。

(8) 查询运行核心程序: 执行由DML编译器产生的低层指令。

(9) 事务管理器: DBS的逻辑工作单位称为事务,事务由对数据库的操作序列组成,事务管理器负责并发事务的正确执行。

(10) 缓冲区管理器: 为应用程序开辟数据库的系统缓冲区,负责从磁盘读取数据通过缓冲区进入内存,并决定哪些数据进入Cache。

(11) 授权和完整性管理器: 测试访问是否满足完整性约束,检查用户访问数据是否合法。

(12) 文件管理器: 负责磁盘空间的分配,管理物理文件的存储和存取方式。

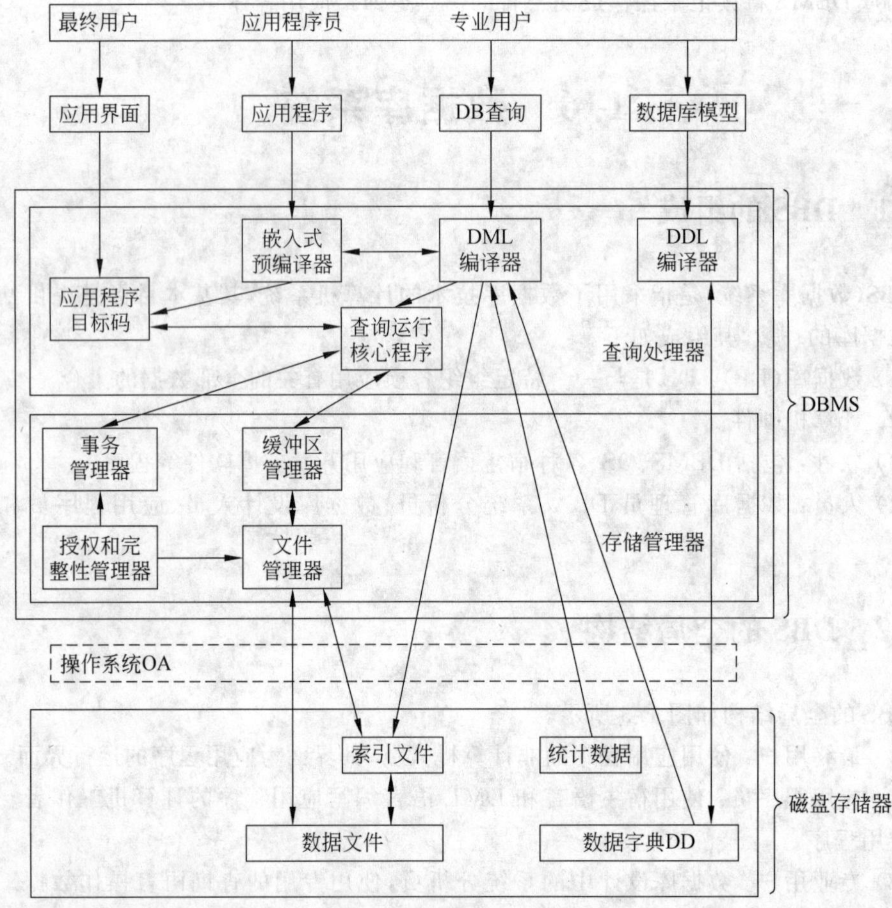

图 1.3　DBS 的全局结构

(13) 索引文件：为提高查询速度而设置的逻辑排序手段。

(14) 数据文件：在数据文件中存储了数据库中的数据。

(15) 数据字典：存储三级结构的描述。

(16) 统计数据：存储 DBS 运行时统计分析数据，用于查询处理器进行优化。

了解 1.6.3　DBS 的效益

(1) 灵活性，数据库易于扩充。

(2) 面向用户，简单易用性，便于用户理解和使用。

(3) 实现了数据的集中控制，消除了数据的不一致性。

(4) 应用程序设计方便，加快了系统的开发速度。

(5) 数据的独立性，使程序维护的工作量减少。

(6) 促进标准化。

第2章 关系数据库

2.1 关系模型基本概念

关系模型有如下显著特点。

(1) 数据结构简单。

(2) 有扎实的理论基础。

- 关系运算理论。
- 关系模式设计理论。

关系是一种规范了的二维表格，关系的规范性限制如下：

(1) 关系中的每一个属性值都是不可分解的。

(2) 关系中不允许出现相同的元组。

(3) 不考虑元组间的顺序，即没有行序。

(4) 属性在理论上也是无序的，但在使用时一般按习惯考虑其顺序。

了解 2.1.1 关系模型的基本术语

用二维表格结构表示实体集，外键表示实体间联系的数据模型称为**关系模型**。在关系模型中，字段称为属性，**记录类型称为关系模式**，记录称为**元组**。

数据库技术术语	记录	记录类型	字段	字段值
关系模型术语	元组	关系模式	属性	属性名

关系（二维表格），也可称为实例，是元组（记录）的组合。如果一个关系的元组个数是无限的，称为**无限关系**；否则称为**有限关系**。关系中属性的个数称为**元数**；关系中元组（记录）的个数称为**基数**。

键由一个或几个属性组成：

(1) 超键：在关系中能唯一标识元组的属性集称为超键。

(2) 候选键：不含有多余属性的超键称为候选键。

(3) 主键：用户选做元组标识的一个候选键称为主键（关键字），主键不能取空值。

(4) 外键：如果一个关系的主键在另一个关系中也出现，则称为另一个关系的外键。

理解 2.1.2 关系模型

(1) 外模式：关系子模式的集合。子模式是用户所用到的那部分数据的描述。

(2) 概念模式：关系模式（记录类型）的集合。

(3) 内模式：存储模式的集合。

注意：关系存储时的基本组织方式是文件，元组是文件中的记录，由于关系模式有键，因此存储一个关系可用散列或索引的方法。

识记 2.1.3 关系模型的形式定义

关系模型的三个组成部分如下。

(1) 数据结构：关系模型的基本数据结构是关系（二维表格）。

(2) 数据操作：关系模型提供一组完备的高级关系运算，以支持对数据库的各种操作。

(3) 数据完整性约束：关系模型提供三类数据完整性约束。

掌握 2.1.4 三类数据完整性约束

(1) 实体完整性规则：要求关系中元组在组成主键的属性上不能有空值。

(2) 参照完整性规则：要求不引用不存在的实体。

如果属性集 K 是关系模式 R1 的主键，同时，K 也是关系模式 R2 的外键，那么在 R2 的关系中，K 只允许为空值或等于 R1 关系中的某个主键值。关系模式 R1 称为“参照”关系模式；关系模式 R2 称为“依赖”关系模式。

(3) 用户自定义的完整性规则：针对某一具体数据的约束条件，由应用环境决定。如可把年龄限制在 15～30 岁之间。

2.2 关 系 代 数

关系数据库的数据操作如下。

(1) 查询：各种检索操作。

关于查询方面的理论称为关系运算理论。

(2) 更新：插入、删除和修改等。

在查询的基础上工作。

按理论基础不同（关系查询语言）：

(1) 关系代数语言。

以**集合操作**为基础运算的 DML。

非过程性较弱，需指出操作的先后顺序。

(2) 关系演算语言。

以**谓词演算**为基础运算的 DML 语言。

非过程性较强，操作顺序仅限于量词。

应用 2.2.1 关系代数的五个基本操作

关系代数：是以关系为运算对象的一组高级运算的集合，故称为“关系”代数。

关系：定义为**元数相同**的元组的集合，集合中的元素为元组。

(1) 传统的集合操作：

并、差、交、笛卡儿积。

(2) 扩展的关系操作：

对关系进行垂直分割(**投影**)、水平分割(**选择**)、关系的结合(**等值连接及自然连接**)、笛卡儿积的逆运算(**除法**)。

- **并**：R 和 S 的并，由属于 R 或 S 的元组构成；要求有相同的关系模式(相同的属性)。
- **差**：R 和 S 的差，由属于 R 但不属于 S 的元组构成。
- **笛卡儿积**：若 R 有 m 个元组，S 有 n 个元组，则 R×S 有 m∗n 个元组。
- **投影**：**垂直分割**，消去某些列，选取符合条件的列；用 $\pi_{A,C}(R)$ 表示在关系 R 中选取 A、C 两列，作为新关系的第 1、2 列。
- **选择**：**水平分割**，消去某些行，选取符合条件的元组；用 $\delta_{2>'3'}(R)$表示，在关系 R 中，挑选出第 2 分量值大于字符‘3’的元组，组成新的关系。

其中，运算符包括算术比较运算符(又称为 θ 符)和逻辑运算符。运算对象如果是常数，则用引号''括起来，元组分量则不用引号。

应用 2.2.2 关系代数的组合操作

(1) **交**：R 和 S 的交，由既属于 R 又属于 S 的元组构成。

(2) **自然连接**：两个关系 R 和 S 的自然连接用 R ⋈ S 表示。计算 R∗S，并从中选取有公共属性的元组，并删除 R 和 S 公共属性的列。

- **θ 连接**：R ⋈ S 表示，表示在 R∗S 的笛卡儿积中，选取属性值满足某一 θ 操作的元组。
- **F 连接**：R $\bowtie_F$ S 表示，表示在 R∗S 的笛卡儿积中，选取属性值满足某一公式要求的元组。

(3) **除法**：给定关系 R(X,Y)和 S(Y,Z)，其中 X、Y、Z 为属性或属性组合，R 中的 Y 和 S 中的 Y 可以有不同的属性名，但必须出自相同的域集，则 R 和 S 的除运算得到一个新的关系 P(X)，P 是 R 中满足下列条件的元组在 X 属性列上的投影：元组在 X 上分量值 x 的象集 Y 包含 S 在 Y 上投影的集合。

$R \div S = \{t_r[X] \mid t_r \in R \land \pi_Y(S) \subseteq Y_x\}$； Y_x：x 在 R 中的象集：$x = t_r[X]$

2.2.3 关系代数表达式

根据用户的本意要求，书写关系代数表达式。

对于给定的关系（表格），能计算关系代数表达式。

由五个基本操作经过有限次复合的式子，称为关系代数表达式。关系代数表达式可用于表示各种数据查询操作。

当查询涉及到否定或全部值时，就要用到差操作或组合操作除法。

2.2.4 扩充的关系代数操作

(1) 外连接：用 $R]\times[S$ 表示，表示保留原来求 $R \bowtie S$ 时删除的元组；新增加的属性的值用 Null。

(2) 外部并：不要求有相同的关系模式，新的属性的值为 Null。

2.3 关系演算

把数理逻辑的谓词演算引入到关系运算中，就可得到以关系演算为基础的运算。关系演算非过程性较强。包含以下两种类型的演算。

(1) 元组关系演算：以元组为变量。

(2) 域关系演算：以属性（域）为变量。

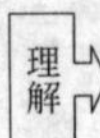

2.3.1 元组关系演算

(1) 元组演算表达式。

- $\{t|P(t)\}$：表示满足公式 P 的所有元组 t 的集合。在元组表达式中，公式由原子公式组成。
- $\{t|R(t)\}$：指的是元组变量存在于关系 R 中。
- $\{t|S(t)\}$：表示元组变量存在于关系 S 中。

(2) 原子公式。

- R(s)：表示 s 是关系 R 的一个元组。
- $s[i]\theta u[j]$：表示元组 s 的第 i 个分量与元组 u 的第 j 个分量之间满足 θ 关系。
- $s[i]\theta a$：表示元组 s 的第 i 个分量与常量 a 之间满足 θ 关系。

原子公式的元组变量是自由变量。

注意：

- 在一个公式中，如果元组变量未用存在量词 ∃ 或全称量词 ∀ 符号定义，则称为自由元组变量。相当于程序设计的全局变量。

- 如果元组变量使用存在量词∃或全称量词∀符号定义，则称为约束元组变量。相当于程序设计的局部变量。

(3) 公式。

- ¬P1：指 P1 不是真。
- P1∨P2：指 P1 或 P2 或两者为真。
- P1∧P2：指 P1 和 P2 都为真。
- P1→P2：指若 P1 为真，则 P2 为真。
- ∃s(P1)：指的是存在一个元组使得公式 P1 为真，有一个元组满足即可。
- ∀s(P1)：指的是对于所有的元组 s，都使得公式 P1 为真；要求对于所有元组都要让公式成立。

运算符的优先顺序：θ；∃和∀；¬；∧；∨。

理解 2.3.2 域关系演算

域关系演算类似于元组关系演算，不同之处在于用域变量代替元组变量，域变量的变化范围是某个值域而不是一个关系。

(1) 域演算的原子公式。

- $R(x_1 \cdots x_k)$：R 表示一个 K 元关系，x_i是常量或域变量。
- $x\theta y$：其中 x、y 是常量或域变量。

(2) 域演算的表达式。

$\{t_1 \cdots t_k | P(t_1, \cdots, t_k)\}$，其中 $P(t_1, \cdots, t_k)$是关于自由域变量 $t_1, \cdots, t_k$的公式。

理解 2.3.3 三类关系运算的安全性和完整性

在关系代数中，**基本操作是并、差、笛卡儿积、投影和选择（这五个基本操作是安全的）**，没有集合"补"的操作，故关系代数运算总是安全的。

关系演算则不同，可能会出现无限关系和无穷验证的问题，如$\{t | \neg R(t)\}$，表示所有不在关系 R 中的元组的集合，这就是一个无限关系。

在数据库技术中，不产生无限关系和无穷验证的运算称为**安全运算**。相应的表达式称为**安全表达式**。

我们必须采取措施防止无限关系和无穷验证产生，所采取的措施称为**安全约束**。

关系数据语言有：

(1) 关系代数语言：如 ISBL（Information System Basc Language 信息系统基本语言）。

(2) 具有关系代数和关系演算双重特点的语言，如 SQL。

(3) 关系演算语言。

- 元组关系演算语言：如 QUEL（Query Language：查询语言）。

• 域关系演算语言：如 QBE(Query By Example：按例查询)。

2.4 查询优化

了解 2.4.1 关系代数表达式的优化问题

在关系代数表达式中,需要指出若干关系操作的步骤。系统应以什么样的操作顺序才能做到既省时间和空间,又能得到较高的效率,这个问题称为**查询优化问题**。

在关系代数运算中,笛卡儿积和连接运算最费时间。

2.4.2 关系代数运算的等价变换

两个关系代数表达式等价是指用同样的关系实例代替两个表达式中相应关系时,所得到的结果是一样的。两个关系代数表达式等价,记为 E1＝E2。

2.4.3 优化策略

(1) 在关系代数表达式中,应尽可能早地执行选择和投影操作。

(2) 把笛卡儿积和随后的选择操作合并成 F 联接运算。

(3) 同时计算一连串的选择和投影操作,以免分开运算造成多次扫描文件。

(4) 如果在一个表达式中多次出现某个子表达式,应将该子表达式预先计算出结果保存起来,以免重复计算。

(5) 适当地对关系文件进行预处理,如排序或建立索引文件,以方便查找,提高连接的速度。

(6) 在计算表达式前,应先估计一下怎么计算合算。如笛卡儿积运算时,可让占用空间小的关系进内存多次。

2.4.4 关系代数表达式的优化

关系代数表达式的优化由 DBMS 的 DML 编译器完成。

第3章 关系数据库标准语言SQL

3.1 SQL概述

了解 3.1.1 SQL的发展历程

(1) 1970年：IBM研究中心E. F. Codd连续发表多篇论文，提出了关系数据模型。

(2) 1972年：IBM开始研制实验型关系数据库管理系统System R，配套的查询语言为SQUARE (Specifying Queries As Relation Expression)，数学符号较多。

(3) 1974年：Boyce和Chamberlin把SQUARE语言修改为SEQUEL(Structured English Query Language)，去掉了一些数学符号，并采用英语单词表示和结构式的语法规则。

(4) 20世纪70年代末：由于使用方便、功能丰富、语言简洁易学，SQL语言得到了很快的应用和推广。

SEQUEL简称为SQL(Structured Query Language)，称为结构式查询语言，具有定义、查询、更新和控制等多种功能。

(5) 1986年：美国国家标准局颁布了美国标准的SQL语言；1987年被国际标准化组织采纳为国际标准，这两个标准称为SQL 86。

(6) 1989年：ISO颁布了增强完整性特征的SQL 89标准。在SQL 86和SQL 89标准中，基本表没有关键字的概念，并采用索引机制弥补。

(7) 1992年：ISO对SQL 89进行了大量的修改和扩充，推出了SQL 92。

(8) 1997年以后：成为动态网站(Dynamic web content)的后台支持。

(9) SQL/99：核心级别跟其他8种相应的级别，包括递归查询，程序跟流程控制，基本的对象(object)支持包括oids。

(10) SQL/2003：包含了XML相关内容，自动生成列值(column values)。

(11) 2005年：Tim O'eilly提出了Web 2.0理念，称数据将是核心，SQL将成为"新的HTML"。

(12) SQL/2006：定义了SQL与XML(包含XQuery)的关联应用。

(13) 2006年：Sun公司以SQL基础的数据库管理系统嵌入Java V6。

理解

3.1.2 SQL 数据库的体系结构

三级结构	外模式	概念模式	内模式		
关系模型术语	子模式	关系模式	存储模式	元组	属性
SQL 术语	视图	基本表	存储文件	行	列

SQL 数据库由表构成,表可以是基本表,也可以是视图。在用户看来,视图和基本表是一样的,都是关系(表格)。**基本表**是实际存储在数据库中的表。

一个基本表可以跨一个或多个存储文件,一个存储文件也可以在存放一个或多个基本表,无须一一对应。

在 SQL 中,外模式一级**数据结构**的基本单位是视图,视图是从若干个基本表和(或)其他视图构造出来的,所以视图又被称为**虚表**。

理解

3.1.3 SQL 的组成

(1) 数据定义:SQL DDL,用于定义 SQL 模式、基本表、视图和索引。

(2) 数据操纵:SQL DML,又分为数据查询和数据更新两大类。

(3) 数据控制:该部分包括对基本表和视图的授权、完整性规则的描述、事务控制等。

(4) 嵌入式 SQL:该部分内容涉及 SQL 语句嵌入在宿主语言程序中使用的规则。

3.2 SQL 的数据定义

应用

3.2.1 SQL 数据定义语句

操作对象	操作方式		
	创　建	修　改	删　除
数据库	CREATE DATABASE	ALTER DATABASE	DROP DATABASE
表	CREATE TABLE	ALTER TABLE	DROP TABLE
视图	CREATE VIEW	ALTER VIEW	DROP VIEW
索引	CREATE INDEX	ALTER INDEX	DROP INDEX

3.2.2 SQL的基本数据类型

- 二进制数据类型：binary、varbinary、image
- 数字数据类型
  - 精确数字
    - 精确整数：bigint、int、smallint、tinyint
    - 精确小数：decimal、numeric
  - 近似数字：float、real
- 字符数据类型：char、varchar、text
- Unicode数据类型：nchar、nvarchar、ntext
- 日期和时间数据类型：datetime、smalldatetime
- 货币数据类型：money、smallmoney
- 其他数据类型：bit、timestamp、uniqueidentifier 等

详见附录B。

3.2.3 基本表的创建、修改和撤销

(1) 基本表的创建：

CREATE TABLE　基本表名

(列名，数据类型…完整性约束)

完整性约束有三种子句：

- 主键子句：PRIMARY KEY。
- 检查子句：CHECK。
- 外键子句：FOREIGN KEY。

SQL 允许列的值为空值，但要求主键不能为空。如果要求列不能为空值，则应在数据类型后加“NOT NULL”说明。基本表创建好后，用 INSERT 命令把数据插入基本表中。

(2) 基本表结构的修改：

- ALTER TABLE 基本表名 ADD 列名 数据类型：在表中增加一列。
- ALTER TABLE 基本表名 DROP 列名：从表中删除一列。
- ALTER TABLE 基本表名 ALTER COLUMN 列名：在表中修改一列。

(3) 基本表的删除：

DROP TABLE 基本表名。

一个基本表删除后，其所有的数据也一并丢失。

3.2.4 视图的创建和撤销

(1) 视图的创建：

```
CREATE VIEW 视图名(列名序列) 列名序列可省略
AS SELECT 查询语句
```

(2) 视图的撤销：

```
DROP VIEW 视图名
```

如用户经常要用到 S、SC、C 的其中几列，可以单独创建一个视图：

```
CREATE VIEW SS
(sno,sname,cno,cname,grade )
AS SELECT S.sno,sname,C.cno,cname ,grade
FROM S, SC,C
WHERE S. sno=SC.sno AND SC.cno=C.cno
```

3.2.5 索引的创建和撤销

在 SQL 86 和 SQL 89 中，基本表中没有关键字的概念，用索引机制弥补，索引属于存储路径的概念；在 SQL 中使用主键的，在基本表中定义主键。

(1) 索引的创建：

```
CREATE[UNIQUE]INDEX 索引名 ON 基本表名(列名)
```

UNIQUE：要求列的值在基本表中不重复。

一个索引键也可以对应多个列。缺省为升序(ASC)排列，也可用降序(DESC)排列。

(2) 索引的撤销：

```
DROP INDEX 索引名
```

3.3 SQL 的数据查询

数据查询是关系运算理论在 SQL 语言中的主要体现，本节从 SELECT 语句的基本句法、完整句法和各种限定三方面进行说明。

3.3.1 SELECT 语句的基本句法

```
SELECT A1, …,An      算术比较运算符：<, <=, =, !=, >, >=, <>
FROM R1 ,…Rm         逻辑运算符：AND，OR，NOT
WHERE F              集合运算符：UNION(并)，INTERSECT(交)，EXCEPT(差)
                     集合成员运算符：IN，NOT IN
                     谓语：EXISTS(存在量词)，ALL，SOME，UNIQUE(唯一)
                     聚合函数：AVG，MIN，MAX，SUM，COUNT，
                     聚合函数不允许复合操作
```

(1) 其中，F 为条件表达式，比关系代数中的公式更灵活。

(2) SELECT 语句可以嵌套使用，层次分明，具有结构程序设计特点。

(3) 嵌套查询比连接查询的笛卡儿积效率高。

例如：查询选修了课程号为“C1”的学生的学号及姓名。

联接查询：	嵌套查询 1：	嵌套查询 2：	嵌套查询 3：
SELECT S. sno,sname FROM S, SC WHERE S. sno=SC. sno AND Cno='c1'	SELECT sno,sname FROM S WHERE sno IN (SELECT sno FROM SC WHERE cno='c1')	SELECT sno, sname FROM S WHERE c1 IN (SELECT cno FROM SC WHERE sno=S. sno)	SELECT sno, sname FROM S WHERE EXISTS (SELECT * FROM SC WHERE sno=S. sno AND cno='c1')

3.3.2 SELECT 语句的完整句法

SELECT 目标表的列名或列表达式序列
FROM 基本表和/或视图序列
[WHERE 行条件表达式] 行条件子句
[GROUP BY 列名序列] 分组子句
[HAVING 组条件表达式] 组条件子句
[ORDER BY 列名 ASC|DESC] 排序子句

- []是指该成分可有可无；
- 读取 FROM 子句中基本表、视图的数据，执行笛卡儿积操作；
- 选取满足 WHERE 子句中给出的条件表达式的元组；
- 按 GROUP BY 子句中指定列分组，同时提取满足 HAVING 子句中条件表达式的那些组；
- 按 SELECT 子句中给出的列名或列表达式求值输出；
- ORDER BY 子句对输出的目标表进行排序，ASC（升序排列）或 DESC（降序排列）。

分组子句：	排序子句：
例：按照不同年龄统计选修课程的人数。去掉重复数据 SELECT age,COUNT(DISTINCT SC.sno) FROM S, SC WHERE S. sno=SC. sno GROUP BY age (把满足 WHERE 子句中条件的查询结果按年龄分组；此时的 SELECT 语句应对每一组分开进行操作）	例：输出女生在 50 人以上不同年龄的人数分布情况，并按人数升序、年龄降序排列。 SELECT age, COUNT (sno) FROM S WHERE sex='女' GROUP BY age HAVING COUNT (*)>50 （组条件子句，去掉小于等于 50 人的组） ORDER BY 2, age DESC （对 SELECT 子句中的第 2 列按升序排列，如人数相同的有多条数据，则多条数据再按年龄降序排列。）

3.3.3 SELECT 语句中的各种限定

(1) DISTINCT：如果要求输出的表格中不许出现重复元组，那么可在 SELECT 后加一保留字 DISTINCT。

(2) SELECT 子句允许包含＋、－、＊、/，以及列名、常数的算术表达式。

(3) 列和基本表的改名操作：如一个基本表在 SELECT 语句中多次出现，则可以用"SELECT 旧名 AS 新名"来改名，以方便操作。

(4) 字符串的匹配操作：匹配操作符是"LIKE "，表达式中可以有两个通配符%(表示 0 个、或个字符)和_(表示 1 个字符)。

例如，检索以 D 开头的学生姓名：

```
WHERE Sname LIKE 'D%'
```

(5) 如两个子查询结果的结构完全一致时，可让两个子查询执行并、交、差操作。

例如，

```
(SELECT 查询语句 1  )
UNION  [ALL]-带 ALL 时，不消除重复元组
(SELECT 查询语句 2  )
```

(6) 空值的比较操作：SQL 中允许列值为空，空值用保留字 NULL 表示。涉及空值的比较操作，返回值是 false。

(7) 集合的比较操作

- 集合成员资格的比较：IN / NOT IN
- 集合成员的算术比较
  - 元组θSOME (集合)：表示左边那个元组与右边集合中的至少一个元素能满足θ操作
    IN 与"=SOME"等价，早期的ANY与SOME同义。
  - 元组θALL (集合)：表示左边的那个元组与右边集合中每个元素应能应满足θ操作；

(8) 空关系的测试：EXISTS (集合)/NOT EXISTS (集合)，测试一个集合是否为空/非空，当集合非空时，返回逻辑值 true/false。

(9) 重复元组的测试：UNION (集合)/NOT UNION(集合)，测试集合中是否有重复元组，如有重复元组则返回 false/true。

3.4 SQL 的数据更新

应用 3.4.1 INSERT 插入语句

(1) 元组值的插入：

```
INSERT INTO 基本表名 (列名序列)
VALUES (元组值)
```

例如：

```
INSERT INTO SC (sno,cno,grade )
VALUES ('s1','c1',90)
```

(2) 查询结果的插入：

```
INSERT INTO 基本表名 (列名序列)
SELECT 查询语句
```

3.4.2 DELETE 删除语句

SQL 的删除操作指从基本表中删除元组。

```
DELETE  FROM 基本表名
[WHERE 条件表达式]
```

先执行 WHERE 子句中的子查询,然后再对查找到的元组执行删除操作。

```
DELETE  FROM  SC
WHERE cno IN
(SELECT cno
FROM C
WHERE cname='DB')
```

3.4.3 UPDATE 修改语句

需要修改基本表中的某些列值时：

```
UPDATE 基本表名
SET 列名 1=值表达式 1[,列名 2=值表达式 2…]
[WHERE 条件表达式]
```

把 C1 课程的任课老师的姓名改为张明：

```
UPDATE  C
SET  teacher='张明'
WHERE cno='c1'
```

把女同学的成绩提高 10%：

```
UPDATE SC
SET grade=grade * 1.1
WHERE sno IN
(SELECT sno FROM S WHERE sex='女')
```

理解

3.4.4 对视图的更新操作规则

对于视图的查询操作同基本表，没有什么限制；但对于视图中的元组的更新操作(INSERT/DELETE/UPDATE)有如下限定规则：

(1) 如果视图是从单个基本表使用选择或投影操作导出的，且包含了基本表的主键或候选键，那么这个视图称为行列子集视图。该视图允许更新操作。

(2) 如果一个视图是从多个基本表使用连接操作导出的，那么该视图不允许执行更新操作。

(3) 如果在导出视图的过程中，使用了分组和聚合操作，则该视图也不允许执行更新操作。

(4) 在 SQL 2 中，允许更新的视图在定义时，必须加上 WITH CHECK OPTION 短语。

3.5 嵌入式 SQL

理解

3.5.1 SQL 运行环境

(1) 交互式 SQL：在终端交互方式下使用；不可直接使用指针、数组等操作；

(2) 嵌入式 SQL：嵌入在高级语言的程序中使用；不能直接进行集合的操作。

实现嵌入式 SQL，有两种处理方式：

- 扩充宿主语言的编译程序，使之能处理 SQL 语句；
- 采用预处理方式，先用预处理程序对源程序进行扫描，识别出 SQL 语句，并处理成宿主语言的函数调用形式。通常 DBMS 提供一个 SQL 的函数定义库，供编译时调用。

SQL 与宿主语言的接口：是通过事先由宿主语言程序定义的共享变量实现的，SQL STATE 是特殊的共享变量。

理解

3.5.2 嵌入式 SQL 的使用

(1) 在程序中要区分 SQL 语句与宿主语言语句。

嵌入式 SQL 语句的格式为：

```
EXEC SQL<SQL 语句>END_EXEC
```

(2) 允许嵌入的 SQL 语句引用宿主语言的程序变量(共享变量)，但引用这些变量前，应加“：”以示区别；这些变量在宿主语言的程序中定义，并用 DECLARE 说明：

```
EXEC SQL BEGIN DECLARE SECTION: char sno [5],name[9];
    char SQLSTATE [6];
EXEC SQL END DECLARE SECTION:
```

(3) SQL 的集合处理方式与宿主语言单记录处理方式间的协调：SQL 语句处理的是记录集合，而宿主语言一次只处理一个记录。

因此引入游标(cursor：指针)机制，把集合操作转换成单记录处理方式。

游标是与某一查询结果相联系的符号名，相关的 SQL 语句如下。

(1) 游标定义语句：

```
DECLARE  EXEC SQL DECLARE<游标名>
CURSOR FOR<SELECT 语句>END _EXEC
```

定义中的 SELECT 语句并不立即执行。

(2) 游标打开语句：

```
OPEN  EXEC SQL OPEN<游标名>END_EXEC
```

执行游标定义中的 SELECT 语句。

(3) 游标推进语句：

```
FETCH EXEC SQL FETCH FROM<游标名>INTO<变量表>END_EXEC
```

将游标推进一行，并把游标指向的当前行的值取出，送共享变量。

(4) 游标关闭语句：

```
CLOSE EXEC SQL CLOSE<游标名>END_EXEC
```

3.5.3 嵌入式 SQL 的使用技术

对于 SQL DDL 语句，只要加上前缀标识 EXEC SQL 和结束标识 END_EXEC，就能嵌入在宿主语言中使用。

对于 SQL DML 语句，要注意是否使用了游标机制。

1. 不涉及游标的 SQL DML 语句

(1) INSERT、DELETE 和 UPDATE 语句，同 DDL 只需加上 EXEC SQL 前缀和 END_SQL 即可。

```
EXEC SQL INSERT INTO S (sno,sname ,age )
VALUES (: givensno ,: sn ,: sa );
```

(2) 对于查询结果是单元组的 SELECT 语句，应加 INTO 子句，用以指出找到的值应送到相应的共享变量中去。

```
EXEC SQL SELECT sname ,age ,sex INTO : sn,: sa ,: ss
    FROM S
```

```
WHERE sno=: givensno ;
```

sn ,sa ,ss, givensno 都是共享变量，已在主程序中定义，并用 SQL 的 DECLARE 语句说明过。

2. 涉及游标的 SQL DML 语句

当 SELECT 语句查询的结果是多个元组时，此时宿主语言无法使用，必须使用游标机制，把多个元组一个一个地传送给宿主语言程序处理，具体过程如下。

(1) 先用游标定义语句，定义一个游标与某个 SELECT 语句对应。

(2) 游标用 OPEN 语句打开后，处于活动状态，此时，游标指向查询结果的第一个元组之前。

(3) 每执行一次 FETCH 语句，游标指向下一个元组，并把值送到共享变量，供程序处理。

(4) 最后用 CLOSE 语句关闭游标。

在游标处于活动状态下，可以修改或删除游标指向的元组。用 WHERE CURRENT OF ＜游标名＞来表示游标指向的当前元组。

3. 卷游标的定义和推进

游标在查询时只能从头到尾一行一行推进，使用不便，故给出了卷游标的概念。

定义句法如下：

```
EXEC SQL DECLARE<游标名>SCROLL CURSOR FOR<SELECT 语句>
END _EXEC
```

卷游标的推进句法：

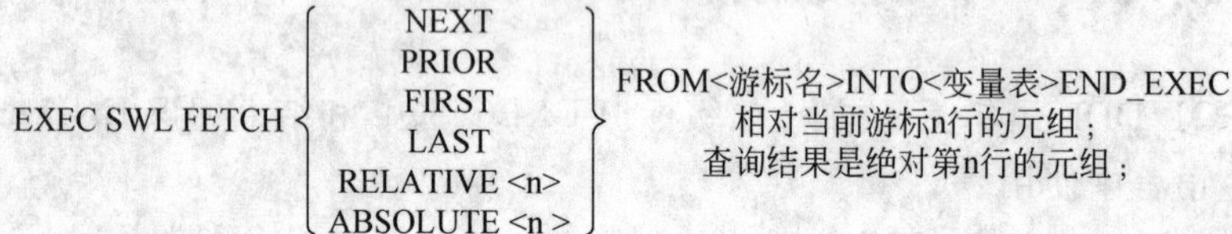

第 4 章　关系数据理论

4.1　关系模式的设计问题

理解 4.1.1　关系模式的外延和内涵

关系模式是用来定义关系的，一个关系数据库包含一组关系，定义这些关系的关系模式的全体构成该数据库的模式。

(1) 关系模式的外延：通常所说的关系、(数据库)实例或当前值。由于元组的插入、删除和修改，它随着时间的推移在不断变化。

(2) 关系模式的内涵：与时间独立，包括关系、属性以及域的一些定义和说明，还有各种数据完整性约束(静态约束和动态约束)。

- 静态约束：包括各种数据之间的联系(称为**数据依赖**)、主键的设计和关系值的各种限制，用于定义关系的有效数据问题。
- 动态约束：主要定义如插入、删除和修改等各种操作的影响。

关系数据库是以关系模型为基础的数据库，它利用关系来描述现实世界。关系数据库设计理论主要包含三个方面的内容：

(1) 数据依赖。

(2) 范式。

(3) 模式设计方法。

4.2　函数依赖 FD

理解 4.2.1　FD 的定义

设有关系模式 R(U)，X、Y 是 U 的子集，r 是 R 的任一具体关系，如果对 r 的任意两个元组 t_1，t_2，由 $t_1[X]=t_2[X]$，会导致 $t_1[Y]=t_2[Y]$，则称 **X 函数决定 Y 或 Y 函数依赖于 X**，记为 X→Y。FD 是对关系 R 的一切可能的当前值 r 定义的，不是针对某个特定关系。如 Sno→Sname，指的是每个学号都只能确定一个学生姓名。在当前值 r 的两个不同元组中，如果 X 值相同，就一定要求 Y 值也相同，Y 值由 X 值决定，这种数据依赖称为**函数依赖 FD**。

掌握 4.2.2 函数依赖的类型

(1) 非平凡的函数依赖：如果 X→Y，但 Y 不是 X 的子集，则称 X→Y 是非平凡的函数依赖。

反之为平凡的函数依赖，平凡的函数依赖不反映新的语义。

(2) 部分函数依赖：若 X→Y，且存在 X 的真子集 X_1，使 X_1→Y，则称 Y 部分依赖于 X。记作 $X\xrightarrow{P}Y$。

(3) 完全函数依赖：若 X→Y，且对于 X 的任何一个真子集 X_1，都不存在 X_1→Y，则称 Y 完全依赖于 X。记作 $X\xrightarrow{f}Y$。

(4) 传递函数依赖：若 X→Y，且 Y→Z，而 Y→X，则 X→Z，则称 Z 对 X 传递函数依赖。

理解 4.2.3 FD 的逻辑蕴涵，FD 集的闭包 F^+

如有关系模式 R(X,Y,Z)，它的函数依赖集 F={X→Y，Y→Z}。如果 A→B，而 B→C，问 A→C 是否成立？这就是函数依赖的逻辑蕴涵问题。

设 F 是关系模式 R 的一个函数依赖集，X、Y 是 R 的属性子集，如果从 F 中的函数依赖能够推出 X→Y，则称 **F 逻辑蕴涵** X→Y ，记为 F|=X→Y。被 F 逻辑蕴涵的函数依赖的全体构成的集合，称为 F 的闭包，记为 F^+，F^+ ={X→Y |F|=X→Y}。

理解 4.2.4 键和 FD 的联系

键是唯一地标识实体的属性集。

设有关系模式 R(A_1，A_2，…，A_n)，F 是 R 上的函数依赖集，X 是{A_1，A_2，…，A_n}的一个子集，如果：

(1) X→$A_1A_2\cdots A_n \in F^+$；表示 X 能唯一决定一个元组；

(2) 且不存在 X 的真子集 Y，使得 Y→$A_1A_2\cdots A_n$成立，则称 X 是 R 的一个候选键。表示 X 满足条件 1 且无多余的属性集。

理解 4.2.5 FD 的推理规则

阿氏公理：函数依赖有一个正确和完备的推理规则，1974 年，W. W. Armstrong 总结了各种推理规则，把其中最主要、最基本的作为公理，称为 Armstrong 推理规则系统。

设有关系模式 $R(A_1,A_2,\cdots,A_n)$，F 是 R 上的函数依赖集，属性集 $U=\{A_1,A_2,\cdots,A_n\}$，X、Y、Z、W 是 U 的子集：

(1) 基理：

- 规则 1 自反律：如果 $Y\subseteq X\subseteq U$，由 $X\rightarrow Y$ 为 F 所蕴含；
- 规则 2 增广律：如果 $X\rightarrow Y$ 为 F 所蕴涵，且 $Z\subseteq U$，由 $XZ\rightarrow YZ$ 为 F 所蕴含；
- 规则 3 传递律：如果 $X\rightarrow Y$ 和 $Y\rightarrow Z$ 为 F 所蕴含，则 $X\rightarrow Z$ 为 F 所蕴含。

(2) 推理：

- 规则 4 伪传递律：如果 $X\rightarrow Y$ 和 $WY\rightarrow Z$ 在 R 上成立，则 $WX\rightarrow WY\rightarrow Z$ 在 R 上成立；
- 规则 5 合并律：如果 $X\rightarrow Y$ 和 $X\rightarrow Z$ 在 R 上成立，则 $X\rightarrow YZ$ 在 R 上成立；
- 规则 6 分解律：如果 $X\rightarrow Y$ 和 $Z\subseteq Y$ 成立，则 $X\rightarrow Z$ 在 R 上成立。

理解 4.2.6 FD 推理规则的完备性

函数依赖推理规则系统——自反律、增广律和传递律是完备的，即不能从 F 中使用推理规则导出的函数依赖不在 F^+ 中。

理解 4.2.7 属性集闭包的计算

F 是属性集合 U 上的一个函数依赖集，设 $X\in U$，则称所有用阿氏公理推出的函数依赖 $X\rightarrow A$ 中所有 A 的集合，称为**属性集 X 关于 F 的闭包，记为 X^+**。

计算函数依赖集合 F 的闭包 F^+，实际上是不可能的，判断 $X\rightarrow Y$ 是否在 F^+ 中，只要判断 $X\rightarrow Y$ 能否用推理规则从 F 导出，**即判断 $Y\in X^+$**。

理解 4.2.8 FD 集的等价和覆盖

关系模式 R(U)上的两个函数依赖集 F 和 G，如果满足 $F^+=G^+$，则称 F 和 G 是等价的，亦称 F 覆盖 G 或 G 覆盖 F。

- 每个函数依赖 F 都可以被一个右部只有单属性的函数依赖集 G 所覆盖。
- 每个函数依赖 F 都有最小覆盖（最小函数依赖集合 Fmin，右边都是单属性，且 F 中的任一函数依赖 $X\rightarrow A$，其 $F^-(X\rightarrow A)$ 与 F 不等价）。

4.3 关系模式的分解特性

理解 4.3.1 模式分解中存在的问题

在分解处理中会涉及一些新问题，如原模式所满足的特性在新模式中是否被保持。为保持原有模式所满足的特性（如属性间的约束），要求分解处理具有**无损连接性**和**保持**

函数依赖性。否则无法保证关系数据的完整性。

理解

4.3.2 无损连接

设 R 为一关系模式，分解成关系模式 $\rho=\{R1,R2,\cdots,Rk\}$，F 是 R 上的一个函数依赖集。如果对 R 中满足 F 的每一个关系 r 都有：$r=\pi_{R1}(r)\bowtie\pi_{R2}(r)\bowtie\cdots\bowtie\pi_{Rk}(r)$，即 r 为它在 Ri 上的投影的**自然连接**，则称这个分解 ρ 相对于 F 是**无损连接分解**。

其中 $\pi_{Ri}(r)$ 表示关系 r 在模式 Ri 的属性上的投影。**无损连接**即分解后的关系自然连接后完全等于分解前的关系，则这个分解相对于 F 是无损联接分解。

掌握

4.3.3 无损连接的测试方法

设有关系模式 $R=(A_1,A_2,\cdots,A_n)$，F 是 R 上的函数依赖集，R 的一个分解 $\rho=\{R1,R2,\cdots,Rk\}$，判断其是否无损连接，方法如下：

(1) 构造一张 k 行 n 列的表格，每列对应一个属性 A_j，每行对应一个模式 Ri。如果 A_j 在 Ri 中，那么在表格的每 i 行第 j 列填上符号 a_j，否则填上符号 b_{ij}。

(2) 反复检查 F 的每一个函数依赖，并修改表格中的元素，如下：

取 F 中的函数依赖 X→Y，如果表格中有两行在 X 分量上相等，在 Y 分量上不相等，那么修改 Y，使这两行在 Y 分量上也相等。

如果 Y 的分量中，有一个是 a_j，那么另一个也修改到 a_j；否则用 b_{ij} 替换另一个符号（把下标 ij 改成较小的数）。

重复以上的过程，直至整个表格不能再修改为止。

(3) 若修改到最后一张表格中，有一行是全 a，即 $a_1a_2\cdots a_n$，那么，ρ 相对于 F 是无损连接分解。

如果 R1∩R2→R1-R2/R2-R1 在函数依赖集 F 中，则 R1、R2 的分解是无损连接。

理解

4.3.4 保持 FD 的分解

保持 FD 的分解，可以保证关系能由它的那些投影进行自然连接而恢复。如果关系模式在分解后不能保持函数依赖，那么在数据库中就会出现异常现象。

保持关系模式的一个分解是等价的，另一个重要条件是关系模式的函数依赖集在分解后仍在数据库模式中保持不变，即关系模式 R 到 $\rho=\{R1,R2,\cdots,Rk\}$ 的分解应使函数依赖集 F 被 F 在这些 Ri 上的投影蕴涵。

由于 F 中的依赖是对关系模式 R 的完整性约束，因此要求 R 分解后也要保持 F，称为**分解 ρ 保持函数集 F**。否则，我们用 $\rho=\{R1,R2,\cdots,Rk\}$ 表达 R 时，可能会找到一个数据库实例能满足投影后的依赖，但不满足 F，而导致关系数据的错误。

4.4 关系模式的范式

理解 4.4.1 范式的定义

满足特定要求的模式称为范式。

(1) 1NF：如果关系模式R的所有属性的值域中的每一个值都是不可再分解的值，则称R属于**第一范式(1NF)**。**即要求其属性值不可再分成更小的部分。**

不能满足上述条件的关系称为非规范化关系。非1NF的关系模式的缺点是更新操作困难。

(2) 2NF：如果关系模式R为第一范式，且R中每一个非主属性完全函数依赖于R的某个候选键，则称R属于**第二范式(2NF)**。

如果非主属性对键的函数依赖不完全，则执行数据库操作时会出现插入异常、删除异常、更新异常以及数据冗余等问题。

(3) 3NF：如果关系模式R是第二范式，且**每个非主属性**都不**传递依赖**于R的候选健，则称R属于**第三范式(3NF)**。

(4) BCNF：如果关系模式R是第一范式，且**每个属性**(包括主属性和非主属性)都不传递依赖于R的候选键，则称R为BC**范式**。BCNF是第三范式的改进形式。

BCNF在数据冗余、插入、修改和删除中具有较好的特性。如果模式R是BCNF，则模式R必定是第三范式，反之，则不一定成立。

理解 4.4.2 分解成BCNF模式集的算法

对于任一关系模式，都可找到一个分解使之达到3NF，且具有无损连接和保持函数依赖性。而对模式进行BCNF分解可以保证无损连接，但不一定能保持函数依赖集。

设有关系模式R，F是R的函数依赖集，要求输出R的无损连接ρ{R1，R2，…，Rk}；分解成BCNF的方法如下：

(1) 置初值ρ={R}；

(2) 如果ρ中所有关系模式都是BCNF，则转到(4)；

(3) 如果ρ中有一个关系模式S不是BCNF，则S中必能找到一个函数依赖X→A，有X不是S的键，且A∈X；

(4) 分解结束，输出ρ。

掌握 4.4.3 分解成3NF模式集的算法

设有关系模式R，F是R的最小函数依赖集，要求输出R的一个分解ρ{R1，R2，…，Rk}；分解成3NF的方法如下：

(1) 如果R中的某些属性在F的所有依赖的左边和右边都不出现，那么这些属性可以从R中分出去，单独构成一个关系模式；

(2) 如果F中有一个依赖X→A，有XA=R，则ρ={R}，转到(4)；

(3) 对于F中每一个X→A，构成一个关系模式XA。如果F中有X→A1，X→A2，…，X→An，则可以用模式X A1A2 …An代替n个模式XA1，XA2，…，XAn；

(4) 分解结束，输出ρ。

例如：关系模式W(C,T,H,R,S,G)满足F={C->T,CS->G,HR->C,HS->R}，分解为3NF如下：ρ={CT,CSG,HRC,HSR}。

掌握

4.4.4 模式设计方法的原则

一个好的模式设计方法应符合下列三条原则。

(1) 表达性：分解的关键问题是要等价地分解，涉及到两个数据库模式的等价性问题(数据等价和依赖等价)，分别用无损联接和保持函数依赖性来衡量；

(2) 分离性：指属性间的独立联系应该用不同的关系模式表达。独立的联系独立表示；如模式中存在X→Y，我们就把(XY)作为一个基本信息单位；

(3) 最小冗余性：要求在分解后的数据库能表达原来数据库的所有信息这个前提下实现，目的是节省存储空间，提高对关系的操作效率，清除不必要的冗余。

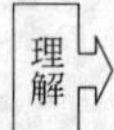

4.4.5 多值依赖及4NF

函数依赖能表达属性值间的多对一联系，但不能表示属性值间的一对多联系(如一个学校有多个学生)，如要刻画一对多联系，则需要使用**多值依赖**概念。

把间接联系的属性放在一个模式中，就会出现我们所不希望产生的问题，如数据冗余和操作异常。

设R是一个关系模式，D是R上的多值依赖集合。如果D中成立非平凡多值依赖X→→Y时，X必是R的超键，那么称R是**第四范式(4NF)**。

一个模式如果属于4NF，则必定属于BCNF。

掌握

4.4.6 关系模式规范化过程

关系模式的规范化过程如图4.1所示。

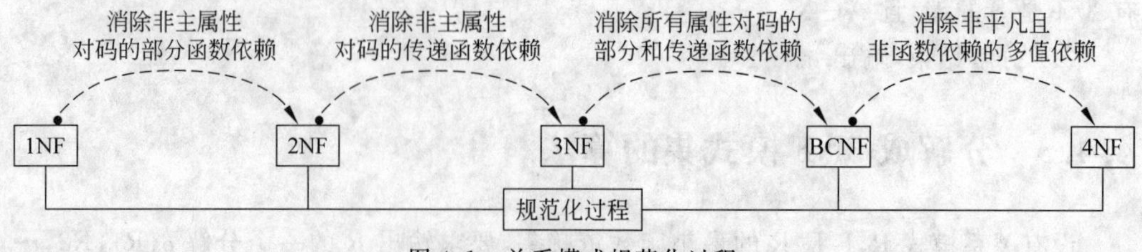

图4.1 关系模式规范化过程

第 5 章　数据库设计

本章知识体系如图 5.1 所示。

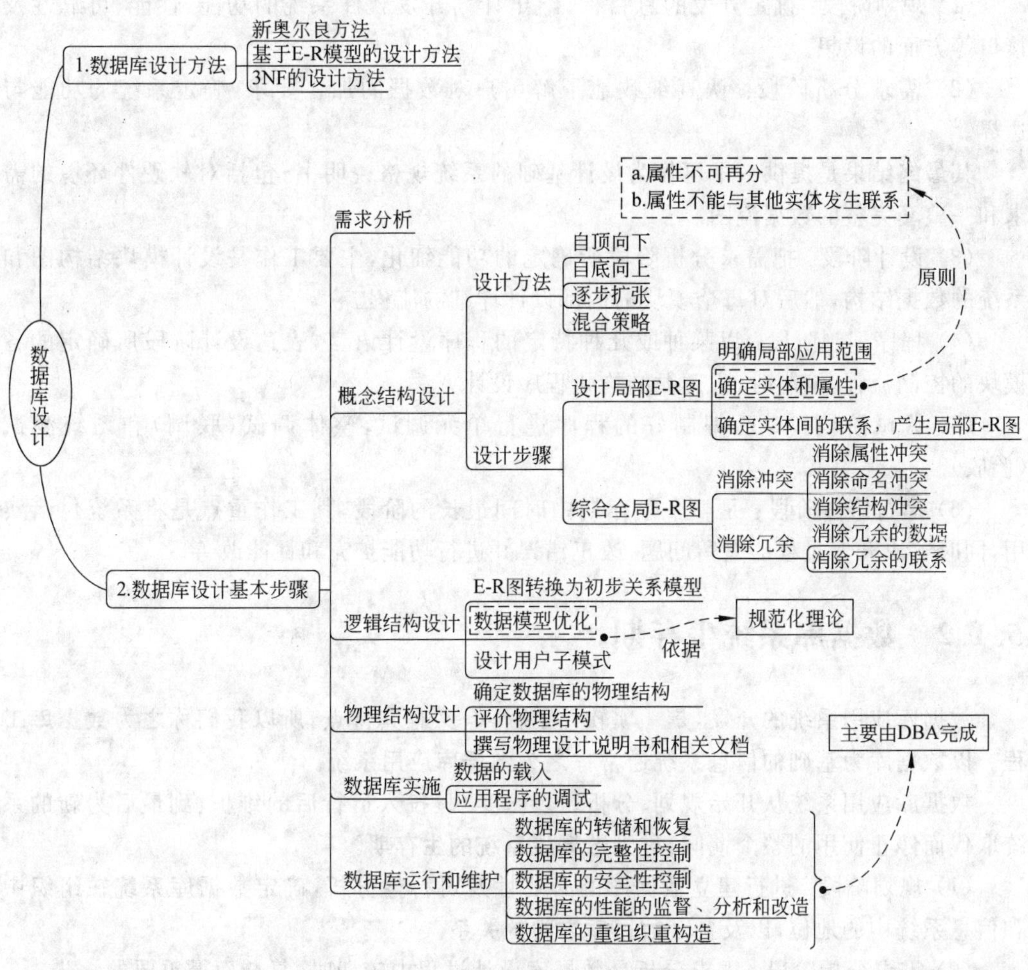

图 5.1　数据库设计知识体系

5.1 数据库设计概述

利用数据库管理系统、系统软件和相关的硬件系统，将用户的要求转化成有效的数据结构，并使数据库结构易于适应用户新的要求的过程，称为数据库设计。

理解 5.1.1 软件生存期及各阶段的工作

软件生存期是指从软件的规划、研制、实现、投入运行后的维护，直到它被新的软件所取代而停止使用的整个期间。

(1) 规划阶段：确定开发的总目标，给出计划开发软件系统的功能、性能、可靠性及接口等方面的设想。

(2) 需求分析阶段：认真细致地了解用户对数据的加工要求，确定系统的功能与边界。

其最终结果是提供一个可作为设计基础的系统规格说明书，包括对软硬件环境的需求和一整套完整的数据流图。

(3) 设计阶段：把需求分析阶段所确定的功能细化，主要工作是设计模块结构图和系统的数据结构，然后对每个模块的内部设计详细的流程。

(4) 程序编制阶段：以某种或几种特定的程序设计语言，表达设计阶段所确定的各模块的控制流程，编制时，应遵循结构化程序设计方法。

(5) 调试阶段：对已编制好的程序进行单元调试，整体调试(联调)和系统测试(验收)。

(6) 运行维护阶段：是整个生存期中时间最长的阶段，其工作重点是将系统付诸实用，同时解决开发过程的遗留问题，改正错误并进行功能扩充和性能改善。

理解 5.1.2 数据库系统生存期

数据库应用系统的开发，是一项软件工程，但又有其特点，所以我们称之为**数据库工程**。以数据库为基础的信息系统通常称之为**数据库应用系统**。

数据库应用系统从开始规划、分析、设计、实现、投入运行后的维护、到最后为新的系统取代而停止使用的整个期间，称为**数据库系统的生存期**。

(1) 规划阶段：进行建立数据库的必要性及可行性分析，确定数据库系统在组织中和信息系统中的地位，以及各个数据库之间的关系。

(2) 需求分析阶段：需求分析是数据库设计过程中较费时、复杂而最重要的一步。

主要任务是从数据库设计的角度出发，对现实世界要处理的对象进行详细调查，收集支持系统目标的基础数据及其处理。

在分析用户要求时，要确保用户目标的一致性。通过调查，需明确以下内容：

- 信息要求。
- 处理要求。
- 安全性和完整性要求。

(3) 概念设计阶段：把用户的信息要求统一到一个整体逻辑结构中。

概念结构能表达用户的要求且独立于数据库逻辑结构、DBMS及计算机硬件结构。

(4) 逻辑设计阶段：

- **数据库逻辑结构设计**：其任务就是把概念结构设计阶段设计好的基本ER图转换成DBMS所支持的数据模型符合的逻辑结构，通常用DDL描述。
- **应用程序设计**：使用主语言和DBMS的DML进行结构式的程序设计。

(5) 物理设计阶段：分为物理数据库结构的选择及逻辑设计中程序模块说明的精确化。包括：确定数据库的存储安排、存取路径的选择与调整、确定系统配置。

(6) 实现阶段：用DBMS提供的DDL语言和其他实用程序将数据库逻辑设计和物理设计结果严格描述出来，成为DBMS可以接受的源代码后再编译成目标代码。之后，便可以组织数据入库了。

(7) 运行和维护阶段：收集和记录系统实际运行的数据。数据库运行的记录将用来提高用户要求的有效性信息，用来评价数据库系统的性能，更进一步用于对系统的修正。在运行中，必须保持数据库的完整性，必须有效地处理数据故障和进行数据库恢复。

理解 5.1.3 数据库设计过程的输入和输出

数据库设计的输入部分包括如下。

(1) 总体信息需求：数据库系统的目标说明、数据元素的定义、数据在企业组织中的使用描述。

(2) 处理需求：每个应用所需的数据项、数据量以及应用执行的频率。

(3) DBMS的特征：有关DBMS的一些说明和参数、DBMS所支持的模式、子模式和程序语法的规则。

(4) 硬件和OS特征：对DBMS和OS访问方法特有的内容，例如物理设备容量限制、时间特性及所有的运行要求。

数据库设计过程的输出(以说明书的形式出现)：

(1) 完整的数据库结构，其中包括逻辑结构与物理结构。

(2) 基于数据库结构和处理需求的应用程序的设计原则。

理解 5.1.4 数据库设计方法学

数据库设计方法学是一些原则、工具和技术的组合，用于指导实施数据库系统的开发与研究，应在合理的期限内，以合理的工作量产生一个有实用价值的数据库结构。

其内容包括如下。

(1) 设计过程。

(2) 设计技术。

(3) 评价准则从可选方案中选取一种数据库结构。

(4) 信息需求分为信息结构视图(描述数据库中所有数据间的本质和概念的联系)和用法视图(描述应用程序中使用的数据及其联系)。

(5) 描述机制：实现设计过程的最终结果用 DBMS 的 DDL 表示、信息输入的描述、其他的中间步骤结果的描述。

常见的数据库设计方法有视图模型化及视图汇总设计方法、关系模式的设计方法、新奥尔良设计方法、基于 ER 模型的数据库设计方法、基于 3NF 的设计方法、基于抽象语法规范的设计方法、计算机辅助数据库设计方法。

理解 5.1.5 数据库设计的步骤

数据库设计包括以下步骤：

(1) 规划。

(2) 需求描述与分析。

(3) 概念设计。

(4) 逻辑设计。

(5) 物理设计。

具体如下图所示。

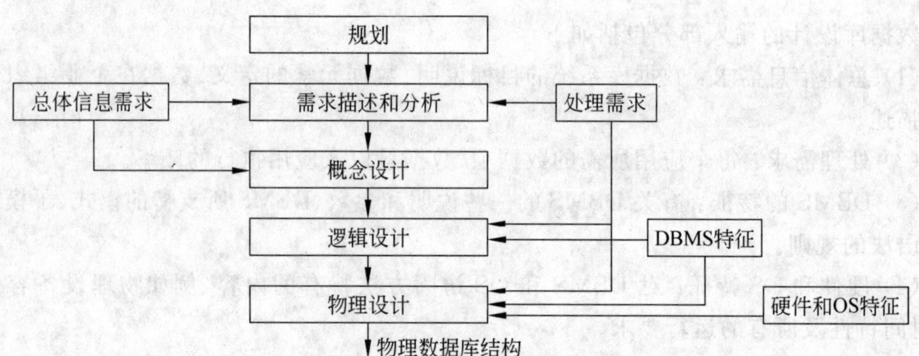

5.2 规划阶段的任务和工作

规划阶段的主要任务：进行建立数据库的必要性及可行性分析，确定数据库系统在组织中和信息系统中的地位以及各个数据库之间的关系。

工作：应写详尽的可行性分析报告和数据库系统规划纲要，内容包括：信息范围、信息来源、人力资源、设备资源、软件及支持工具资源、开发成本估计及进度计划等。

5.3 需求分析

5.3.1 需求分析的重要性

数据库应用非常广泛，多个应用程序可在同一个数据库上运行，要是事先没有对信息进行充分和细致的分析，这种设计就很难获得成功。

5.3.2 需求分析阶段的输入和输出

需求分析阶段的输入部分包括如下。

(1) 总体信息需求：数据库系统的目标说明、数据元素的定义、数据在企业组织中的使用描述；

(2) 处理需求：每个应用所需的数据项、数据量以及应用执行的频率。

需求分析阶段的输出：**需求分析说明书**。

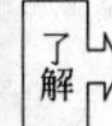

5.3.3 需求分析的步骤

需求分析的步骤如下：

(1) 需求信息的收集：又称为系统调查，事先准备好调查的目的、调查的内容和调查方式。

(2) 需求信息的分析整理：如业务流程分析(一般采用数据流分析法，分析结果以**数据流图**(数据流图表达了数据与处理的关系)表示)及分析结果的描述(如数据项清单等)。

(3) 评审：目的在于确定某一阶段的任务是否全部完成，以避免重大的疏忽或错误。

5.3.4 数据字典

数据字典是对系统中数据的详尽描述，它提供了数据库数据描述的集中管理。通常包含以下几个部分。

(1) 数据项：是数据的最小单位。

(2) 数据结构：是若干个数据项有意义的集合，包括数据结构名、含义及组成该数据结构的数据项名。

(3) 数据流：可以是数据项，也可以是数据结构，表示某一加工处理过程的输入或输出数据。

(4) 数据存储：数据存储指处理过程中要存取的数据，可以是手工凭证或计算机文档。

(5) 加工(处理)过程。

数据字典DD在需求分析阶段建立,并在数据库设计过程中不断修改、充实和完善。

5.4 概念设计

了解 5.4.1 概念设计的必要性

概念设计的目标是产生反映企业组织信息需求的数据库的概念结构,即概念模式(组织模式)。概念模式独立于数据库逻辑结构,独立于DBMS,也不依赖于计算机系统。

概念设计阶段中,设计人员从用户的角度看待数据及处理要求和约束,产生一个反映用户观点的概念模式,然后将其转换成逻辑结构。

将概念设计从设计过程中独立开来,至少有如下考虑:

(1) 各阶段的任务相对单一化,设计复杂程度大大降低,便于组织管理。

(2) 不特定的DBMS的限制,也独立于存储安排和效率方面的考虑,因而比逻辑模式更稳定。

(3) 概念模式不含具体的DBMS所附加的技术细节,更容易为用户所理解,因而能准确地反映用户的信息需求。

5.4.2 对概念模型的要求

概念模型是表达概念设计结果的工具,可以看成是现实世界到机器世界的过渡,对它的要求如下。

(1) 概念是对现实世界的抽象和概括,它应真实、充分地反映现实世界中事物和事物间的联系,应有丰富的语义表达能力以表达现实世界。

(2) 概念模型应简洁、明晰、独立于机器,易于理解,方便数据库设计人员与应用人员交换意见,使用户能积极参与设计工作。

(3) 概念模型应易于变动,以适应环境和应用要求的改变。

(4) 概念模型应很容易向关系、层次或网状等各种数据模型转换,转换成逻辑模式。

理解 5.4.3 概念设计的步骤

概念设计的步骤如下。

(1) 进行数据抽象,设计局部概念模型。

(2) 将局部概念模型综合成全局概念模型。

(3) 评审。

理解 5.4.4 数据抽象

抽象：是对实际的人、物、事或概念的人为处理，它抽取人们关心的共同特性，忽略非本质的细节，并把这些特性用各种概念精确地加以描述，这些概念组成了某种模型。

(1) 分类抽象：定义某一类概念作为现实世界中一组对象的类型。这些对象具有某些共同的特性和行为。

(2) 聚集抽象：聚集的数学意义就是笛卡儿积的概念，通过聚集，形成对象间的一个联系对象。

如一辆车的车号、价格、制造者等信息可聚集在一起。

(3) 概括抽象：是从一类其他对象汇总形成一个新的对象，对于一类对象，可以概括成对象。

如交通工具可为陆上交通、空中交通工具等。

5.4.5 E-R 模型的操作

在利用 E-R 模型进行数据库概念设计过程中，常常需要对 E-R 图进行种种变换，这些变换就称为 E-R 模型的操作。包括实体类型、联系类型和属性的分裂、合并和增删等。

掌握 5.4.6 采用 E-R 方法的概念设计步骤

1. 设计局部 E-R 图

(1) 确定局部结构范围。

- 范围的划分要自然，易于管理。
- 范围之间的界面要清晰，相互影响要小。
- 范围的大小要适度，太小会造成局部结构过多，而太大会使得内部结构复杂，不便分析。

(2) 实体定义：实体定义的任务是确定每一个实体类型的属性和键。

(3) 联系定义：用于刻画实体集之间及实体集内部的关联，要避免冗余联系。

(4) 属性分配：把属性分配到有关实体和联系中。

2. 综合成全局 E-R 图

(1) 确定公共实体类型：为便于多个局部 E-R 模式合并，首先要确定各局部结构中的公共实体类型。

(2) 局部 E-R 图的合并：先合并现实世界中有联系的局部结构，合并从公共实体类型开始然后再加入独立的局部结构。

合并方法：一次集成法、多次集成法。

(3) 消除各类冲突(部门间协商解决)

- 属性冲突：属性域冲突，属性取值单位冲突。
- 结构冲突：同一对象在不同应用中具有不同的抽象；同一实体在不同的局部 E-R 图中所包含的属性个数和属性排列次序不同；实体间的联系在不同的分 E-R 图中为不同类型。
- 命名冲突：同名异义，异名同义。

3. 对全局 E-R 图进行优化

一个好的全局 E-R 模式，除能准确、全面地反映用户功能需求外，还应满足实体类型的个数尽可能少、实体类型所含属性的个数尽可能少、实体类型间的联系无冗余。

(1) 实体类型的合并(一般可以把 1∶1 联系的两个实体类型合并)。

(2) 消除冗余的属性。

(3) 消除冗余的联系。

5.5 逻辑设计

5.5.1 逻辑设计的输入输出

逻辑设计的目的是：把概念设计阶段设计好的基本 ER 图转换成与 DBMS 所支持的数据模型相符合的逻辑结构，包括数据库模式和外模式。这些模式在功能、完整性、一致性约束及数据库的可扩充性等方面均应满足用户的各种要求。

(1) 逻辑设计的输入：独立于 DBMS 的概念模式、处理需求、约束条件(完整性/一致性/安全性要求等)和 DBMS 特性。

(2) 逻辑设计的输出

- DBMS 可处理的模式。
- 子模式：与单个用户观点和完整性约束一致的 DBMS 所支持的数据结构。
- 应用程序设计指南：根据设计的数据库结构为应用程序员提供访问路径的选择。
- 物理设计指南：完全文档化的模式和子模式。

5.5.2 逻辑设计的过程

概念模式向逻辑设计转换的过程中，要对模式进行评价和性能测试，以便获得较好的模式设计。

(1) 初始模式的形成：根据概念模式及 DBMS 的记录类型，将 ER 模型的实体/联系类型转换成记录类型。

（2）子模式设计：子模式是模式的逻辑子集，子模式是应用程序和数据库系统的接口，它能允许应用程序有效地访问数据库中的数据，但不破坏其安全性。

（3）应用程序设计梗概：在设计完整的应用程序前，应先设计出应用程序的草图，对每个应用程序应设计出数据的存取功能梗概，并提供程序上的逻辑接口。

（4）对数据库模式进行评价：定量分析（数据容量和应用程序的处理频率），性能测量（逻辑记录的访问数目、数据库的总字节数等）。

（5）模式修正：目的是为了使模式适应信息的不同表示。

应用

5.5.3 E-R 模型向关系模型的转换

E-R 模型中主要有实体类型和联系类型。

（1）实体的转换：将每个实体类型转换成一个关系模式，实体的属性即为关系模式的属性，实体的标识符即为关系模式的键。

（2）联系的转换

- 1∶1 在两个实体类型转换成的两个关系模式中，在任意一个关系模式的属性中加入另一个关系模式的（主）键和联系类型的属性；
- 1∶N 在 N 端实体类型转换的关系模式中，加入 1 端实体类型转换成的关系模式的（主）键和联系的属性；

如系与学生间存在 1∶N 的联系，在转换时，将主键系编号和联系类型的属性入学时间加入到学生关系模式中。

- M∶N 将联系类型也转换成关系模式，其属性为两端实体类型的（主）键加上联系类型的属性。

理解

5.5.4 关系数据库的逻辑设计步骤

（1）导出初始关系模式：将概念设计的结果即全局 E-R 模型转换成初始关系模式。

（2）规范化处理：利用规范化理论，对关系模式进行分析并规范为满足系统需求的范式等级。

目的在于减少或消除关系模式中存在的各种异常，改善完整性、一致性和存储效率。关系模式的子模式是视图。

（3）模式评价：是检查已给出的数据库模式是否完全满足用户的功能要求，是否具有较高的效率，并确定需要加以修正的部分。

（4）模式修正：根据评价结果，对模式加以修正，修正的方法有合并或分解等。最终数据库模式确定后（以 DBMS 语法描述），全局逻辑结构设计结束。

5.6 物理设计

5.6.1 物理设计的步骤

数据库的物理设计：对一个给定的逻辑数据模型，选取一个最适合应用环境的物理结构的过程。

数据库的物理结构，主要是指数据库在物理设备上的**存储结构和存取方法**。在物理结构中，数据的基本单位是存储记录。文件是某一类型的所有存储记录的集合。

某种意义上说，物理设计是对逻辑数据库结构进一步求精的过程，其步骤如下。

(1) 存储记录结构设计：包括记录的组成、数据项的类型和长度，以及逻辑记录到存储记录的映射。

(2) 确定数据存储安排：利用数据聚簇技术，将不同类型的记录分配到物理群中去。

(3) 访问方法的设计：访问方法是给存储在物理设备上的数据提供存储和检索的能力。

(4) 完整性和安全性设计。

(5) 程序设计：逻辑数据库结构确定以后，应用程序设计就可随着开始。

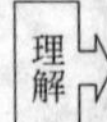

5.6.2 物理设计的输入输出

(1) 物理设计的输入：逻辑数据库结构、程序访问路径结构的建议；应用处理的频率和操作顺序、数据容量、DBMS 和 OS 的约束、硬件(设备)特性、运行要求。

(2) 物理设计的输出：物理数据库结构说明书(包括物理数据库结构、存储记录格式、存储记录安排、访问方法等)。

5.6.3 物理设计的性能

数据库系统性能用术语“开销”描述，在数据库系统生存期中，总开销包括规划开销、设计开销、实现与测试开销、**操作开销**和维护开销。

其中，操作开销包括如下 6 种。

(1) 查询响应时间：从查询开始到查询结果开始显示之间所经历的时间。

(2) 更新事务的开销：应用程序执行时，划分成若干比较小的独立的程序段，这些程序段称为事务。

(3) 报告生成的开销：报告生成是一项特殊形式的查询检索。

(4) 改组频率和开销：在设计中应考虑到数据量和处理频率这两个因素，应减少对数据库进行重新组织(简称改组)。

(5) 主存储空间：在数据库系统中，用于存放程序和数据。

(6) 辅存储空间：分成数据块和索引块。

5.7 实现与维护

了解 5.7.1 数据库实现阶段的工作

(1) 建立实际数据库结构：用 DBMS 提供的 DDL 编写描述逻辑设计和物理设计结果的程序，经编译和执行后，建立实际的数据库结构。

(2) 试运行：数据库结构建立好后，装入试验数据进行试运行。

(3) 装入数据：往数据库中装入数据，又称之为数据库加载。

加载过程中，还应注意数据库的转存和恢复工作。

了解 5.7.2 其他有关的设计工作

(1) 数据库的重新组织设计：对于数据库的概念模式、逻辑结构和物理结构的改变称为重新组织。

改变概念模式或逻辑结构又称为重新构造。

(2) 故障恢复方案设计。

(3) 安全性考虑，如设置密码等。

(4) 事务控制。

了解 5.7.3 运行与维护阶段的工作

数据库维护工作不仅是维持其正常运行，而是设计工作的继续和提高。

运行维护阶段的主要工作包括如下。

(1) 维护数据库的安全性与完整性控制以及系统的转储和恢复。

(2) 发现错误和改正错误。

(3) 性能的监督、分析和改进。

(4) 根据用户意见，增加新功能。

第6章 数据库保护

6.1 数据库的恢复

理解 6.1.1 事务的概念

事务是数据库环境中的逻辑工作单位，是一个操作序列（不可嵌套），相当于操作系统中进程的概念，如“转帐事务”。

事务以 BEGIN TRANSACTION 语句开始，以 COMMIT 或 ROLLBACK 语句结束。

(1) COMMIT：表示事务成功地结束，该事务对数据库的所有更新都已交付实施。

(2) ROLLBACK：表示事务不成功地结束，此时告诉系统，已发生错误，数据库可能处在不正确的状态，应该回退。

对数据库的访问是建立在读 READ(X)和写 WRITE(X)的基础上的。

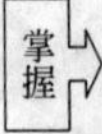

6.1.2 事务的四个性质

(1) 原子性：一个事务对数据库操作是一个不可分割的操作序列，事务要么完整地被执行，要不什么也不做。

由 DBMS 的事务管理子系统来完成保证原子性的工作。

(2) 一致性：一个事务独立执行的结果，应保证数据库的一致性，即数据不会因事务的执行而遭受破坏。

(3) 隔离性：在并发事务被执行时，系统应保证与其单独执行时的结果一样，称之为事务达到了隔离性要求。

由 DBMS 的并发控制子系统实现。

(4) 持久性：一个事务一旦完成全部操作，它对数据库的更新应永久地反映在数据库中。

事务的四个性质，称为 ACID 性质。

理解 6.1.3 故障的种类及恢复方法

(1) 事务故障：

- 非预期的事务故障：不能由事务程序处理。如运算溢出、并行事务发生死锁而被撤销等。
- 可预期的事务故障：即应用程序可以发现的，且可以让事务回退(ROLLBACK)的事务故障。

(2) 系统故障：在硬件故障、软件错误的影响下，虽可引起内存中的信息丢失，让正在运行的事务非正常终止，但不会破坏数据库。故系统故障又称为**软故障**。

(3) 介质故障：介质(磁盘)故障通常又称为硬故障，如磁盘损坏，这类故障将破坏数据库，并影响正在存取这部分数据的所有事务，需从备份磁盘中复制回来。

DBMS 应能从数据库破坏、不正确的状态恢复到最近一个正确的状态，这种能力称为**可恢复性**。

理解 6.1.4 恢复的基本原则和实现方法

可恢复性的**基本原则**很简单，即冗余，即**数据的重复存储**。

数据库恢复的实现方法如下：

(1) 定期对整个数据库进行复制或转储。转储又分为海量存储和增量存储。

(2) 建立日志文件。

(3) 恢复。如果数据库已破坏，装入最近一次备份的数据库，然后利用日志文件执行 REDO 重做操作。如数据库未损坏，但某些数据可能不可靠，则执行 UNDO。

理解 6.1.5 运行记录优先原则

如果先写数据库修改，但在运行记录中没有登记这个修改就发生了故障，则以后就不可能恢复这个修改也不能撤销这个修改。所以，为了安全起见，运行记录都是先写，然后再执行操作，这就是“运行记录优先原则”。

(1) 要等相应的运行记录已经写入日志文件后，才能允许事务往数据库中写记录；

(2) 直至事务的所有运行记录都已写入日志文件后，才能允许事务完成 END TRANSACTION 处理。

6.2 数据库的并发控制

理解 6.2.1 并发控制带来的三类问题

数据库是一个共享资源，可以由多个用户使用。在多用户共享系统中，如果多个用户同时对同一数据进行操作，称为**并发操作**。

DBMS的并发控制子系统负责协调并发事务的执行，保证数据的一致性不受破坏，同时避免用户得到不正确的数据。并发控制带来的三类问题：

(1) 丢失修改问题；

(2) 不可重复读：即某个事务读取了过时的数据；

(3) 读脏数据：在数据库技术中，未提交的，随后又被撤销的数据称为"脏数据"。

并发控制就是要使用正确的方法调度并发操作，以避免造成数据的不一致性，使一个用户事务的执行不受其他事务的干扰。实现的方法通常是采用**封锁**技术。

6.2.2 排他型封锁、PX协议与PXC协议

封锁就是事务T向系统发出请求，对某个数据对象(通常是记录)加锁，其他事务不能更新此数据直到T释放为止。

常见的封锁有排他型封锁(exclusive locks，简称X锁)、共享型封锁(shared locks，简称S锁)和两段封锁法。

X锁：如果事务T对数据R实现X封锁，那么其他事务要等T解除X封锁后，才能获准对这个数据进行封锁。只有获准X封锁的事务，才能对被封锁的数据进行操作。

使用X锁的规则称为**PX协议**，其主要内容是：任何企图更新记录R的事务必须先执行LOCK X(R)操作，以获得对该记录进行寻址的能力，并对它取得X封锁。

如果未获得X封锁，那么这个事务进入等待状态，一直到获准X封锁，事务才能继续执行下去。对于删除操作，PX协议也同样适用。

PXC协议＝PX协议＋"X封锁必须保留到事务终点COMMIT或ROLLBACK"。

所以，PXC中X封锁不是用UNLOCK解除的，而是在COMMIT或ROLLBACK的语义中包含X封锁的解除。

事务的执行次序称为**调度**。如果多个事务依次执行，则称为事务的**串行调度**。如果利用分时的方法，同时处理多个事务，则称为事务的**并发调度**。

但每个事务语句的先后顺序在各种调度中应当一致，不能改变。如果一个并发调度的结果与某一串行调度执行结果等价，那么这个并发调度称为**可串行化**。

对于并发调度是否正确，可用并发事务是否可串行化来衡量，因为串行调度的结果都是正确的。

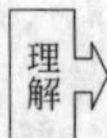

6.2.3 活锁和死锁

封锁的方法可能会引起活锁和死锁。

(1) 活锁：可能存在某个事务永远处于等待状态，得不到执行，这种现象称为**活锁**。

避免活锁的方法是采用"先来先服务"策略。

(2) 死锁：有时，可能有两个或两个以上的事务都处于等待状态，每个事务都在等待其中另一个事务解除封锁，它才能继续执行下去，结果任一个事务都无法进行，称为**死锁**

现象。

发生死锁时，只能撤销某个事务，做回退操作以解除它的所有封锁，恢复该事务到初始状态，这样，释放出来的数据就可以分配给其他事务，从而消除死锁。系统中是否存在死锁，可用事务等待图的形式进行测试。

了解

6.2.4 共享型封锁、PS 协议与 PSC 协议

如果事务 T 对某数据加上 S 封锁，那么其他事务对数据 R 的 X 封锁便不能成功，而对数据 R 的 S 封锁请求可以成功。这就保证了其他事务可以读取 R 但不能修改 R，直到事务 T 释放了 S 封锁。采用 S 封锁的协议称为 **PS 协议**。

PS 协议的主要内容：任何要更新记录 R 的事务必须先执行 LOCK(S)操作，以获得对该记录寻址的能力并对它取得 S 封锁。如未获准 S 封锁，则事务进入等待状态直到获准。

PSC 协议＝PS 协议＋“S 封锁必须保留到事务终点 COMMIT 或 ROLLBACK”。

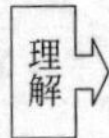

6.2.5 两段封锁法

协议是所有的事务都必须遵守的章程。两段封锁法必须遵守如下规则：

(1) 在对任何数据进行读写操作之前，事务首先要获得对该数据的封锁；

(2) 在释放一个事务后，事务不再获得任何其他封锁。

所谓两段封锁法，指的是每个事务分成增长阶段和收缩阶段。在增长阶段中，事务可以申请封锁，但不能解除任何已取得的封锁；在收缩阶段，事务可以释放封锁，但不能申请新的封锁。遵守两段式协议的事务称为**两段式事务**。如果所有事务都是两段式的，那么它们的并发调度是可串行化的。

6.3 数据库的完整性

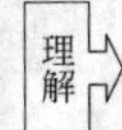

6.3.1 完整性子系统的功能

数据库完整性是指数据的正确性和相容性。系统用一定的机制来检查数据库中的数据是否满足规定的条件，这种条件在数据库中称为**完整性约束**。

数据库的非法更新有以下几个方面。

(1) 输入了错误的数据；

(2) 数据由于操作或程序上的错误，造成插入时变成错误的数据；

(3) 由于系统故障，使数据产生错误；

(4) 若干事务的并发执行产生不正确的数据；

(5) 人为地故意破坏数据。

完整性子系统的功能有：

(1) 监督事务的执行，并测试是否违反了完整性规则；

(2) 如有违反现象，则采取恰当的措施，譬如拒绝、报告违反情况或改正错误等方法来处理。

6.3.2 完整性的组成和分类

完整性规则集是由数据库管理员或应用程序员事先向完整性子系统提供的一组有关数据约束的规则，由 DDL 描述，其组成如下：

(1) 什么时候使用规则进行检查，即规则的触发条件；

(2) 要检查什么样的错误，即约束条件；

(3) 若检查出错误，该如何处理，即违反时要做的动作。

在关系数据库中，完整性规则的**分类**如下：

(1) 实体完整性：又称为行的完整性，要求表中有一个主键，其值不能为空且能唯一地标示对应记录。

(2) 参照完整性：又称为引用完整性，要求保证参照表中的数据与被参照表中的数据的一致性。

(3) 域完整性：又称为列完整性，指给定列输入的有效性。

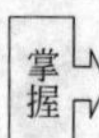

6.3.3 SQL 中的完整性约束

SQL 中表达完整性约束的规则包括如下。

(1) 主键约束：在关系中，主键不允许为空，也不允许出现重复，即关系要满足实体完整性规则，通过设置 PRIMARY KEY 实施；

(2) 外键约束：用 FOREIGN KEY(Sno)REFERENCES S (Sno)，作为主键的关系称为基本关系，作为外键的关系称为依赖关系。

(3) 属性值约束：非空值约束(NOT NULL)，基于属性的检查约束(CHECK 约束)，域约束子句，缺省约束(DEFAULT 约束)等；

(4) 全局约束：基于元组的检查子句(对单个关系的元组值加以约束)和断言(如果完整性规则涉及面较广，与多个关系相关或与聚合操作有关时，使用断言/论述机制)。

约束的命名：是在定义时，前面加上关键字 CONSTRAINT ＜约束名＞，约束的添加/取消如下：

```
ALTER TABLE
ADD/DROP  CONSTRAINT
```

6.4 数据库的安全性

了解 6.4.1 安全性级别

数据库的安全性是指保护数据库，防止不合法的使用，以免数据的泄露、非法更改和破坏。

数据库的滥用：对数据库的不合法使用称为数据库的滥用。数据库的滥用又分为如下两种。

(1) 无意的滥用：在事务处理时，无意的滥用易发生系统故障，并发访问数据库时引起异常现象以及违反数据完整性约束等逻辑错误。

用数据库的完整性来避免。

(2) 恶意的滥用：主要指未经授权的读取数据(即偷窃信息)和未经授权的修改数据(即破坏数据)。

用数据库的安全性来避免。

安全性级别有如下几种。

(1) 环境级：计算机系统的机房和设备应加以保护，以免有人进行破坏；

(2) 职员级：对于数据库系统的工作人员，应加强工作纪律与职业道德的教育，并正确的授予访问数据库的权限；

(3) OS级：应防止未经授权的用户从OS处访问数据库；

(4) 网络级：由于大多数数据库系统都允许用户通过网络进行远程访问，因此网络内部的安全性也很重要；

(5) 数据库系统级：其职责是检查用户的身份是否合法，使用数据库的权限是否正确。

了解 6.4.2 权限的种类

用户或应用程序使用数据库的方式称为**权限**。

(1) 访问数据的权限有：读权限、插入权限、修改权限、删除权限；

(2) 用户修改数据库模式的权限：索引权限、资源权限、修改权限和撤销权限。

理解 6.4.3 权限的转授与回收

数据库系统允许用户把已获得的权限再转授给其他用户，但应保证转授出去的权限能收回来。

理解 6.4.4 SQL 中的安全性控制

SQL 中有两个功能提供了安全性。

1. 视图机制

可以用来对无权用户屏蔽数据。视图是一个虚表，一经定义就可以和基本表一样被查询、被删除，但更新操作(如插入、删除、修改)将有一定的限制。

视图机制使系统具有三个优点：数据安全性、数据独立性和操作简便性。

2. 授权子系统

允许有特定存取权的用户有选择地和动态地把这些权限转授给其他用户。

(1) 用户权限：SELECT、INSERT、DELETE、UPDATE、REFERENCES(用户定义新关系时可引用其他关系的键作外键)。

(2) 授权语句：GRANT<权限表> ON<数据库元素> TO<用户名表>。

如含全部权限可用 ALL PRIVILEGES；数据库元素可以是关系、视图或域。

[WITH GRANT OPTION]指允许用户转授权限。

(3) 回收语句：REVOKE <权限表> ON<数据库元素> FROM<用户名表> [RESTRICT |CASCADE]。

CASCADE 指连锁回收。

REVOKE GRANT OPTION FOR <权限表> ON<数据库元素> FROM<用户名表>，指回收转授出去的转让权限。

了解 6.4.5 数据加密法

为了更好地保证数据库的安全性，可用密码存储口令和数据，且数据传输时采用密码传输。原始数据称为明文，通过加密键和加密算法后，输出密文。

6.4.6 自然环境的安全性

自然环境的安全性包括数据库系统的设备、硬件和环境的安全性。

第7章　分布式数据库系统

7.1　分布式数据库系统概述

分布式数据库是数据库技术与网络技术的结合。在20世纪80年代，分布式数据库以计算机网络及多任务操作系统为核心。20世纪90年代以来，分布式数据库逐步向客户机/服务器模式发展。

了解 7.1.1　集中式系统与分布式系统

(1) 集中式系统：所有的工作都由一台计算机完成、数据集中管理的数据库系统。

(2) 分散式系统：把数据库分成多个(数据分散)、建立在多台计算机上的数据库系统。

在分散式系统中，数据库的管理、应用程序的研制等都是分开且相互独立的，相互间不存在数据通信。

7.1.2　分布式数据库系统

把分散在各处的数据库系统通过通信网络连接起来形成的系统称为**分布式数据库系统，简称DDBS**(distributed database system)。

DDBS兼有集中式和分散式的特点，由多台计算机组成，由通信网络相互联系。其数据也相应分布存储在多个场地，但在逻辑上是一个整体(局部数据库/全局数据库)。

确切定义：分布式数据库系统中的数据是分布存放在计算机网络的不同场地的计算机中的，每一个场地都有独立处理能力并能完成局部应用；而每一场地也参与至少一种全局应用，全局应用程序可通过通信网络访问系统中多个场地的数据。区分一个系统是分散式还是分布式系统就看其是否支持全局应用。

DDBS的两大重要组成：

(1) 分布式数据库：是计算机网络环境中各场地上数据库的逻辑集合。

(2) 分布式数据库管理系统：是一组软件，负责管理分布环境下逻辑集成数据的存取、一致性、有效性和完备性。

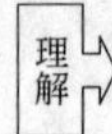

7.1.3 分布式数据库系统的透明性

为了便于全局应用的用户在使用数据库时将主要精力集中在应用的逻辑上，而不是数据的位置分配上，分布式数据库系统必须提供系统的各种透明性。

(1) 位置透明性：是指用户和应用程序不必知道它所使用的数据在什么场地，不然程序逻辑会很复杂。

(2) 复制透明性：复制数据可以提高系统的查询效率，由系统执行(有复制数据的)更新操作，称为系统提供了复制透明性。

7.1.4 分布式数据库系统的优缺点

优点有：

(1) 具有灵活的体系结构；

(2) 适应分布式的管理和控制机构；

(3) (相比大型计算机的集中式数据库)经济性能优越；

(4) 系统的可靠性高、可用性好；

(5) 局部应用的响应速度快；

(6) 可扩展性好，可对原有局部数据库进行集成。

缺点有：

(1) 系统开销大，主要花在通信部分；

(2) 复杂的存取结构，如辅助索引、文件的链接技术；

(3) 数据的安全性和保密性较难处理。

理解

7.1.5 分布式数据库系统的分类

(1) 同构同质型 DDBS：各个场地都采用同一类型的数据模型(如关系型)和同一型号的数据库管理系统。

(2) 同构异质型 DDBS：相同类型的数据模型，不同型号的数据库管理系统。

(3) 异构型 DDBS：数据模型和数据库管理系统都不同。

7.2 分布式数据库系统的体系结构

7.2.1 分布式数据存储

(1) 数据分配：指数据在计算机网络各场地上的分配策略，也称为**数据分布**。

分配策略有集中式、分割式、全复制式和混合式。

(2) 数据分片：一般数据的存放单位不是关系而是片段，一个片段是关系的一部分。

分布式数据库中的数据可以被分割和复制在网络的各个物理数据库中。这样既有利于按照用户的需求较好地组织数据的分布，也有利于控制数据的冗余度。

数据分片是通过关系代数的基本运算实现的，分为水平分片、垂直分片和混合分片。

了解 7.2.2 分布式数据库系统的体系结构

分布式数据库是一种分层的体系结构，自上向下分别为：

(1) 全局外模式；

(2) 全局概念模式；

(3) 分片模式；

(4) 分配模式；

(5) 局部概念模式；

(6) 局部内模式；

(7) 局部数据库。

映射，为全局关系-逻辑片段-物理映像，其特征如下：

(1) 数据分片与数据分配概念分离，形成了数据分布独立性的概念；

(2) 数据冗余的显式控制；

(3) 局部 DBMS 的独立性，又称为局部映射透明性。

7.2.3 分布透明性

数据独立性是数据库方法追求的主要目标之一。在集中式数据库中，数据独立性包括逻辑独立性和物理独立性，分别表示用户程序与数据的全局逻辑结构及存储结构无关。

在分布式数据库中，除逻辑独立性和物理独立性外，还有分布独立性，分布独立性又称为分布透明性。

分布透明性指用户不必关心数据的逻辑分片，不必关心数据物理位置分配的细节，也不必关心各个场地上数据库的数据模型。分布透明性可以归入物理独立性的范围。

根据其定义，分布透明性划分为三个层次：分片透明性、位置透明性和局部数据模型透明性。

7.2.4 分布式数据库管理系统(DDBMS)的功能及组成

DDBMS 的主要功能如下：

(1) 接收用户请求，并判定把它送到哪里，或必须访问哪些计算机才能满足该请求；

(2) 访问网络数据字典；

(3) 如果目标数据存储于系统的多个计算机上，就必须进行分布式处理；

(4) 通信接口功能；

(5) 如果是异构型分布式处理系统，因为软硬件不同，还需提供数据和进程移植的支持。

DDBMS 的组成如下：

(1) 查询子系统；

(2) 完整性子系统；

(3) 调度子系统；

(4) 可靠性子系统。

了解 7.2.5 分布式数据库系统中存在的问题

(1) 同局部 DBS 的存储部件的存取速度相比，不同场地的通信速度，是非常慢的。

(2) 通信系统有较高的存取延迟时间。

(3) 在 CPU 上处理通信的代价很高。

(4) 由于系统部的差异，一个设计方案可能对一个系统是可接受的，但对另一个系统可能是不可接受的。

在集中式系统中，主要目标是减少对磁盘的访问次数；而在分布式系统中，主要的性能目标是使通过网络传送信息的次数和传送的数据量最小化。

7.3 分布式查询处理

7.3.1 查询处理的传输代价

在分布式系统中，一般的查询可能涉及到其他场地，引起数据在网络中来回传输。查询处理的方法应使网络中数据传输量最小。

不同场地间的联接操作和并操作是影响数据传输的主要原因。

7.3.2 基于半联接的查询优化策略

数据在网络中传输时，都是以整个关系传输，传输的关系并非每个数据都参与联接操作或都有用，所以，这是一种冗余的方法。

7.3.3 基于联接的查询优化策略

完全在联接的基础上考虑查询处理的策略。

7.4 客户/服务器结构的分布式系统

7.4.1 客户/服务器式 DBS

为实现多台计算机的分工合作,需将其连接起来构成一个计算机网络,网络中各计算机间能互传数据信息。

在一个计算机网络中,一些计算机扮演客户机,另一些计算机扮演服务器,客户机通过计算机网络向服务器提出计算请求,服务器经过计算,将结果返回给客户。

计算机网络称为**客户/服务器计算机网络**。客户/服务器体系结构的关键在于功能的分布,一些功能放在客户机上运行,而另一些功能则放在服务器上运行。

客户/服务器式 DBS:是在客户/服务器计算机网络上运行的 DBS。

客户/服务器式 DBS 有一个数据库服务器用以管理数据库(如存取结构、查询优化、并发控制、恢复等,完成事务处理和数据访问控制),应用程序则运行在客户机上。

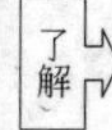

7.4.2 典型的客户/服务器结构的分布式 DBS

其软件模块分为:

(1) BITMAP 服务器级软件:场地的局部数据管理,类似于集中式 DBMS 软件。

(2) 客户机软件:进行分布式管理,从数据字典中获取数据分布信息,并处理涉及多场地的全局查询。

(3) 通信软件:提供各场地部的数据传输。

第8章 具有面向对象特征的数据库系统

8.1 对象联系图

了解 8.1.1 从关系到嵌套关系、复合对象

(1) 平面关系模型：关系模型中基本的数据结构层次是：关系-元组-属性，且规定属性值是不可分解的，不允许其具有复合的结构。传统的关系模型又称为平面关系模型。

(2) 嵌套关系模型：由平面关系模型发展而来，它允许关系的属性值是(另)一个关系，而且可以出现多次嵌套。

(3) 复合对象模型：进一步放宽关系定义(关系与元组必须严格交替地出现)的限制，其属性类型可以是基本数据类型、元组类型或关系类型。

嵌套关系和复合对象的一个明显弱点是它们无法表达递归的结构，故引入**函数**的方法解决类型定义中的递归问题。

故元组的成分除属性外还可定义为函数，它类似于程序设计语言中指针的概念，在面向对象数据库中称为对象标识。

了解 8.1.2 对象联系图

椭圆表示对象类型(相当于实体类型)，椭圆间的边表示其间的函数(单箭头表示函数值是单值，双箭头表示函数值是多值)，小圆圈表示属性是基本数据类型。

8.1.3 数据的泛化/细化

数据的泛化/细化是对概念之间联系进行抽象的一种方法，当在较低层上抽象表达了与之联系的较高层上的抽象时，称较高层上抽象是较低层上抽象的泛化(共性)。

而较低层上抽象是较高层上抽象的细化(特性)。较高层的对象类型称为**超类型**，较低层上抽象的类型称为**子类型**，子类型继承超类型的特征。

8.2 对象关系数据库

8.2.1 ORDB的定义语言

在传统的关系数据模型基础上，提供元组、数组、集合一类更为丰富的数据类型以及处理新的数据类型操作的能力，这样形成的数据模型称为**对象关系数据模型**。

基于对象关系数据模型的DBS称为**对象关系数据库系统ORDB**。

数据类型的定义，除了基本数据类型外，属性还可是如下四种复合类型：

(1) 结构类型：不同类型的有序集合称为结构；

(2) 数组类型：同类元素的有序集合称为数组；

(3) 集合类型：同类元素的无序集合，且每个成员只能出现一次；

(4) 多集类型：成员可出现多次的集合。

继承性的实现：类型级的继承性(子类型继承超类型的属性)和表组的继承性(子表继承超表的全部属性)。

引用类型的定义：在嵌套引用时，不是引用对象本身的值，而是引用对象标识符(指针)。

8.2.2 ORDB的查询语言

(1) 当属性值是为单值或结构值时，引用方式同传统的关系模型，在层次间加圆点.表示，如University. President. Fname(称为路径表达式)。

(2) 当路径中某个属性值为集合时，就不能用路径表达式表达，因为是集合值，而不是单值。

(3) 聚集操作(MAX、COUNT等)可应用于任何集合值表达式。

8.3 面向对象数据库

8.3.1 面对对象数据模型

(1) 对象结构：将客观世界中的实体抽象为对象。对象由一组变量、一组消息和一组方法组成。对象间的相互作用都通过发送消息和执行消息完成，消息是对象之间的接口。

OO技术的一个特征是封装性，它是一种信息隐蔽技术，对象的使用者只能看到对象封装界面上的信息，对象的内部对使用者是隐蔽的，用于将使用者和设计者分开。

(2) 对象类：类是类似对象的集合。

(3) 对象标识：在关系数据库中主键值与标识混在一起，而在面向对象语言中，对象的对象标识是系统中唯一的。

(4) 继承性：允许不同类的对象共享它们公共部分的结构和特性。

(5) 对象包含：不同类的对象间可能存在着关系。包含和继承是两种不同的数据联系。

8.3.2 持久化程序设计语言

对现有的面向对象语言进行扩充(持久数据处理能力)，使之能处理数据库，这样的OOPL 称为**持久化程序设计语言**。其基本概念如下：

(1) 对象的持久性：传统的程序设计语言直接操纵的持久数据只有文件，数据库语言直接操纵关系(数据库中的持久数据)。

(2) 对象标识和指针：当一个持久对象被创建时，就要分配一个持久的对象标识符。在概念上，持久指针可看作是数据库中指向对象的指针。

持久对象的存储和访问：查找数据库中对象的方法有：根据对象名找对象、根据对象标识找对象以及将对象按聚集形式存放。

第9章 关系运算

【例 9-1】 给定关系 R 和 S 如图 9.1 所示，试计算：$R\cap S$、$R\cup S$、$R-S$、$R\times S$、$\sigma_{A>'3'}(R)$、$\pi_{A,C}(R)$、$R\underset{R.A=S.A}{\bowtie}S$、$R\bowtie S$。

A	B	C
2	4	6
3	6	9
8	5	2
6	6	3

(a) 关系R

A	B	C
2	6	3
8	5	2
6	3	1

(b) 关系S

图 9.1　关系 R 和 S

解：$R\cap S$、$R\cup S$、$R-S$、$R\times S$、$\sigma_{A>'3'}(R)$、$\pi_{A,C}(R)$、$R\underset{R.A=S.A}{\bowtie}S$、$R\bowtie S$ 计算结果分别为：

$R\cap S$

A	B	C
8	5	2

$R-S$

A	B	C
2	4	6
3	6	9
6	6	3

$R\cup S$

A	B	C
2	4	6
3	6	9
8	5	2
6	6	3
2	6	3
6	3	1

$\sigma_{A>'3'}(R)$

A	B	C
8	5	2
6	6	3

$\pi_{A,C}(R)$

A	C	A	C
2	6	8	2
3	9	6	3

$R\times S$

R.A	R.B	R.C	S.A	S.B	S.C
2	4	6	2	6	3
2	4	6	8	5	2
2	4	6	6	3	1
3	6	9	2	6	3
3	6	9	8	5	2
3	6	9	6	3	1
8	5	2	2	6	3
8	5	2	8	5	2
8	5	2	6	3	1
6	6	3	2	6	3
6	6	3	8	5	2
6	6	3	6	3	1

$R\underset{R.A=S.A}{\bowtie}S$

R.A	R.B	R.C	S.A	S.B	S.C
2	4	6	2	6	3
8	5	2	8	5	2
6	6	3	6	3	1

$R\bowtie S$

A	B	C
8	5	2

【例 9-2】 给定关系如图 9.2 所示，试计算：$R \bowtie S$、$R \underset{R.A=S.A}{\bowtie} S$、$R \underset{A=D}{\bowtie} S$、$R \underset{R.A>S.A}{\bowtie} S$。

A	B	C
6	5	4
6	2	1
9	8	4

(a) 关系R

A	B	C
2	4	6
6	5	8
9	4	8
6	2	6

(b) 关系S

图 9.2 关系 R 和 S

解：$R \bowtie S$、$R \underset{R.A=S.A}{\bowtie} S$、$R \underset{A=D}{\bowtie} S$、$R \underset{R.A>S.A}{\bowtie} S$ 计算结果分别为：

$R \bowtie S$

A	B	C	D
6	5	4	8
6	2	1	6

$R \underset{A=D}{\bowtie} S$

R. A	R. B	C	S. A	S. B	D
6	5	4	2	4	6
6	5	4	6	2	6
6	2	1	2	4	6
6	2	1	6	2	6

$R \underset{R.A=S.A}{\bowtie} S$

R. A	R. B	C	S. A	S. B	D
6	5	4	6	5	8
6	5	4	6	2	6
6	2	1	6	5	8
6	2	1	6	2	6
9	8	4	9	4	8

$R \underset{R.A>S.A}{\bowtie} S$

R. A	R. B	C	S. A	S. B	D
6	5	4	2	4	6
6	2	1	2	4	6
9	8	4	2	4	6
9	8	4	6	5	8
9	8	4	6	2	6

【例 9-3】 给定关系 R 和 S 如图 9.3 所示，试写出下列元组关系演算表达式所表示的关系。

A	B	C
a_1	b_1	c_1
a_2	b_1	c_2
a_1	b_2	c_1
a_2	b_1	c_1

(a) 关系R

A	B	C
a_2	b_1	c_1
a_2	b_1	c_1
a_1	b_1	c_2

(b) 关系S

图 9.3 关系 R 和 S

(1) $R=\{t|R(t)\wedge S(t)\}$

(2) $R=\{t|R(t)\wedge t[2]='b_1'\}$

(3) $R=\{t|(\exists u)(R(t)\wedge S(u)\wedge t[1]=u[1]\wedge t[2]=u[2])\}$

(4) $R=\{t|(\exists u)(R(u)\wedge t[1]=u[3]\wedge t[2]=u[1])\}$

解：上述元组关系演算表达式所表示的关系分别为：

(1)

A	B	C
a_2	b_1	c_2
a_2	b_1	c_1

(2)

A	B	C
a_1	b_1	c_1
a_2	b_1	c_2
a_2	b_1	c_1

(3)

A	B	C
a_1	b_1	c_1
a_2	b_1	c_2
a_2	b_1	c_1

(4)

C	A
c_1	a_1
c_2	a_2
c_1	a_2

【例 9-4】 给定关系 R 和 S 如图 9.4 所示，试写出下列域关系演算表达式所表示的关系。

(1) $R=\{x,y,z|R(x,y,z)\wedge(x>'6'\vee z='8')\}$

(2) $R=\{x,y,z|R(x,y,z)\vee S(x,y,z)\wedge(x='3'\vee z<'5')\}$

(3) $R=\{x,y,z|R(x,y,z)\wedge(y='a'\vee z>'3')\vee S(x,y,z)\wedge(x>'3'\wedge z<'8')\}$

A	B	C
6	c	4
3	a	8
8	b	2

(a) 关系R

A	B	C
3	a	6
4	b	7
5	c	8

(b) 关系S

图 9.4 关系 R 和 S

解：上述域关系演算表达式所表示的关系分别为：

(1)

A	B	C
3	a	8
8	b	2

(2)

A	B	C
6	c	4
3	a	8
8	b	2
3	a	6

(3)

A	B	C
6	c	4
3	a	8
4	b	7

【例 9-5】 设 R、S 分别是三元关系和二元关系，已知关系代数表达式为：

$$\pi_{1,5}(\sigma_{2=4 \vee 3=4}(R \times S))$$

请将其转换成等价的元组关系演算表达式和域关系演算表达式。

解：

$$\begin{aligned}
&\pi_{1,5}(\sigma_{2=4 \vee 3=4}(R \times S)) \\
&= \{u \mid (\exists t_r)(\exists t_s)(R(t_r) \wedge S(t_s) \wedge u[1] = t_r[1] \wedge u[2] \\
&= t_s[2] \wedge (t_r[2] = t_s[1] \vee t_r[3] = t_s[1]))\} \\
&= \{u_1, u_2 \mid (\exists t_{r2} t_{r3})(R(u_1, t_{r2}, t_{r3}) \wedge (S(t_{r2}, u_2) \vee S(t_{r3}, u_2)))\}
\end{aligned}$$

【例 9-6】 设学生选课数据库的关系模式为：S(S＃,SNAME,AGE,SEX),SC(S＃,C＃,GRADE), C(C＃,CNAME,TEACHER),其中：S 为学生关系,S＃表示学号,SNAME 表示学生姓名,AGE 表示年龄,SEX 表示性别;SC 为选课关系,C＃表示课程号,GRADE 表示成绩;C 为课程关系,CNAME 表示课程名,TEACHER 表示任课教师,试用关系代数表达式表示下列查询：

(1) 查询年龄小于 22 岁的女学生的学号和姓名；

(2) 查询张锦东老师所讲授课程的课程号和课程名；

(3) 查询李源源所选修课程的课程号、课程名和成绩；

(4) 查询至少选修两门课程的学生的学号和姓名。

解：以上查询采用关系表达式表达如下：

(1) $\pi_{S\#,SNAME}(\sigma_{AGE<'22' \wedge SEX='女'}(S))$

(2) $\pi_{C\#,CNAME}(\sigma_{TEACHER='张锦东'}(C))$

(3) $\pi_{C\#,CNAME,GRADE}(\pi_{C\#,GRADE}(\sigma_{SNAME='李源源'}(S) \bowtie SC \bowtie C))$

(4) $\pi_{S\#,SNAME}(S) \bowtie \pi_1(\sigma_{1=4 \wedge 2\neq 5}(SC \times SC))$

【例 9-7】 设工程项目零件供应数据库的关系模式为：S(S＃,SNAME,CITY),J(J＃,JNAME,CITY), P(P＃,PNAME,COLOR,WEIGHT),SPJ(S＃,P＃,J＃,QTY),其中：S 为供货商关系,S＃表示供货商编号,SNAME 表示供货商名称,CITY 表示供货商所在城市;J 为工程关系,J＃表示工程编号,JNAME 表示工程名称,CITY 表示工程所在城市;P 为零件关系,P＃表示零件编号,PNAME 表示零件名称,COLOR 表示零件颜色,WEIGHT 表示零件的重量;SPJ 为供应关系,S＃、P＃、J＃含义同前,QTY 表示供应的零件数量,试用关系代数表达式表示下列查询：

(1) 查询城市在上海的所有供货商的编号和名称；

(2) 查询编号为 J1 的工程提供零件的供货商名称；

(3) 查询编号为 J1 的工程提供编号为 P1 的零件的供货商名称；

(4) 查询编号为 J1 的工程提供红色零件的供货商名称；

(5) 查询由编号为 S1 的供货商供应零件的工程名称；

(6) 查询没有使用上海供货商供应的红色零件的工程编号；

(7) 查询至少使用了编号为 S1 的供货商所供应的全部零件的工程编号。

解：以上查询采用关系表达式表达如下：

(1) $\pi_{S\#,SNAME}(\sigma_{CITY='上海'}(S))$

(2) $\pi_{SNAME}(\pi_{S\#}(\sigma_{J\#='J1'}(SPJ)) \bowtie S)$

(3) $\pi_{SNAME}(\pi_{S\#}(\pi_{J\#='J1' \wedge P\#='P1'}(SPJ)) \bowtie S)$

(4) $\pi_{SNAME}(\pi_{S\#}(\pi_{S\#,P\#}(\sigma_{J\#='J1'}(SPJ)) \bowtie \pi_{P\#}(\sigma_{COLOR='红'}(P))) \bowtie S)$

(5) $\pi_{JNAME}(\pi_{J\#}(\sigma_{S\#='S1'}(SPJ)) \bowtie J)$

(6) $\pi_{J\#} - \pi_{J\#}(\pi_{P\#,J\#}(\pi_{S\#}(\sigma_{CITY='上海'}(S)) \bowtie SPJ) \bowtie \pi_{P\#}(\sigma_{COLOR='红'}(P)))$

(7) $\pi_{J\#,P\#}(SPJ) \div \pi_{P\#}(\sigma_{S\#='S1'}(SPJ))$

第10章 候选码及范式等级的求解

10.1 候选码的求解理论和算法

对于给定的关系 R(A1,A2,…,An)和函数依赖集 F,可将其属性分为 4 类:

- L 类:仅出现在函数依赖左部的属性。
- R 类:仅出现在函数依赖右部的属性。
- N 类:在函数依赖左右两边均未出现的属性。
- LR 类:在函数依赖左右两边均出现的属性。

快速求解候选码的一个充分条件。

定理:对于给定的关系模式 R 及其函数依赖集 F,若 X(X∈R)是 L 类属性,则 X 必为 R 的任一候选码的成员。

推论:对于给定的关系模式 R 及其函数依赖集 F,若 X(X∈R)是 L 类属性,则 X^+ 包含了 R 的全部属性;则 X 必为 R 的唯一候选码。

定理:对于给定的关系模式 R 及其函数依赖集 F,若 X(X∈R)是 R 类属性,则 X 不在任何候选码中。

定理:对于给定的关系模式 R 及其函数依赖集 F, 若 X(X∈R)是 N 类属性,则 X 必包含在 R 的任一候选码中。

推论:对于给定的关系模式 R 及其函数依赖集 F,若 X(X∈R)是 L 类和 N 类组成的属性集,且 X^+ 包含了 R 的全部属性;则 X 是 R 的唯一候选码。

10.2 多属性依赖集候选码求解方法

输入:关系模式 R 及其函数依赖集 F。

输出:R 的所有候选码。

方法:

(1) 将 R 的所有属性分为 L、R、N 和 LR 四类,并令 X 代表 L、N 两类,Y 代表 LR 类。

(2) 求 X^+。若 X^+ 包含了 R 的全部属性，则 X 即为 R 的唯一候选码，转(5)，否则，转(3)。

(3) 在 Y 中取一属性 A，求 $(XA)^+$。若它包含了 R 的全部属性，则转(4)，否则调换一属性反复进行这一过程，直到试完 Y 中的属性。

(4) 如果已经找出所有候选码，则转(5)，否则在 Y 中依次取出两个、三个、……求它们的属性闭包，直到其闭包包含了 R 的全部属性。

(5) 输出结果。

【例 10-1】 设有关系模式 R(A,B,C,D)，其函数依赖集 F＝{D→B,B→D,AD→B,AC→D}，求 R 的所有候选码。

解：考察 F 发现，A,C 两属性是 L 类属性，所以 AC 必是 R 的候选码成员，

又因为 $(AC)^+$＝ABCD，所以 AC 是 R 的唯一候选码。

【例 10-2】 设有关系模式 R＜X,Y,Z＞，其中 F＝{Y→Z,XZ→Y}，求出 R 的所有候选码，并指出关系模式是第几范式。

解：R 的候选码是 XY 和 XZ，所有属性都是主属性，不存在非主属性对候选码的传递函数依赖，R 是 3NF。

【例 10-3】 设有关系模式 R＜W,X,Y,Z＞，其中 F＝{X→Z,WX→Y}，求出 R 的所有候选码，并指出关系模式是第几范式。

解：R 的候选码是 WX，Y、Z 是非主属性，非主属性 X 对候选码 WX 是部分函数依赖，R 是 1NF。

【例 10-4】 设有关系模式 R＜B,C,M,T,A,G＞，其中 F＝{B→C,MT→B,MC→T,MA→T,AB→G}，求出 R 的所有候选码，并指出关系模式是第几范式。

解：R 的候选码是 AM，R 是 3NF。

【例 10-5】 设关系模式 R＜U,F＞，其中 U＝{A, B,C, D, E, P}，F＝{A→B,C→P,E→A,CE→D}，求出 R 的所有候选码。

解：由计算可知：$(CE)^+$＝{ABCDEP}，

而 C^+＝{CP}，E^+＝{ABE}，

故 R 的候选码为 CE。

【例 10-6】 设有关系模式 R(U,F)，其中 U＝{B,S,P,Q,I,D}，F＝{S→D,I→B,IS→Q,B→P)。

(1) IS 是关系模式 R 的一个候选键么？为什么？

(2) IDQ 是关系模式 R 的一个候选键么？为什么？

(3) 关系模式 R 属于第几范式？为什么？

解：(1) 已知 I→B,B→P，根据传递规则，有 I→P；由扩展律得 IS→PS，由分解规则得 IS→P。

已知 I→B，由扩展律得 IS→BS，由分解规则得 IS→B。

已知 S→D，由扩展律得 IS→ID，由分解规则得 IS→D。

已知 IS→Q，且由上面得到的 IS→P,IS→B,IS→D。

根据合并规则，有 IS→BPDQ。因为 IS 能够决定关系模式中的所有其他属性，所以，

IS 是关系模式 R 的一个候选键。

(2) IDQ 不是候选键,因为根据公理不能推出它能决定关系中的所有属性。

(3) 因为候选键为 IS,所以主属性是 IS,而 BPQD 为非主属性,由于 F 中存在非主属性对候选键的部分依赖。例如,I→B,S→D,I 和 S 都是 IS 的子集,所以 R 属于 1NF。

【例 10-7】 现有如下关系模式:R(A,B,C,D,E),R 上的函数依赖集 F={AB→E,B→C,C→D}。

(1) 该关系模式最高满足第几范式并说明原因。

(2) 如果将关系模式 R 分解为 R1(A,B,E)和 R2(B,C,D),指出关系模式 R2 的码,并说明该关系模式最高满足第几范式。

(3) 判断(2)中的分解是否具有无损连接性。

解:(1) 该关系模式的候选键为 AB。因为 B→C,所以非键属性 C 部分依赖于候选键 AB,因此该关系模式不是 2NF,最高是 1NF。

(2) F 在 R2 上的投影为{B→C,C→D},候选键是 B。不存在非键属性对候选键的部分依赖,但是有 B→C,C→D,且 C ↛B,因此非键属性 D 传递依赖于键 B,因此 R2 不是 3NF,最高满足 2NF。

(3) 设 U1 和 U2 分别是 R1 和 R2 的属性集合。U1∩U2=B,U1-U2=AE,B→AE 不属于 F^+,U2-U1=CD,B→CD 属于 F^+,所以有 U1∩U2→U2-U1,所以分解具有无损连接性。

【例 10-8】 关系模式 R={CITY,STR,ZIP},其中 CITY 为城市,STR 为街道,ZIP 为邮政编码,F={(CITY,ST)→ZIP,ZIP→CITY}。如果将 R 分解成 R_1 和 R_2,R_1={STR,ZIP},R_2={CITY,ZIP},检查分解是否具有无损连接和保持函数依赖。

解:(1) 检查无损连接性。

求得:$R_1 \cap R_2$={ZIP};$R_2 - R_1$={CITY}。

因为 (ZIP→CITY)∈F^+,故分解具有无损连接性。

(2) 检查分解是否保持函数依赖。

求得:$\pi_{R1}(F)=\Phi$;$\pi_{R2}(F)$={ZIP→CITY}。

因为 $\pi_{R1}(F) \cup \pi_{R2}(F)$={ZIP→CITY}≠$F^+$,故该分解不保持函数依赖。

【例 10-9】 设有一个教师任课的关系,其关系模式如下:

TDC(Tno,Tname,Title,Dno,Dname,Dloc,Cno,Cname,Credit)。

其中各个属性分别表示:教师编号、教师姓名、职称、系编号、系名称、系地址、课程号、课程名、学分。

(1) 写出该关系的函数依赖,分析是否存在部分依赖,是否存在传递依赖。

解:主键为:(Tno,Cno)

Tno→Tname,Tno→Title,Tno→Dno

Dno→Dname, Dno→Dloc

Cno→Cname, Cno→Credit

存在很多部分依赖,也存在传递依赖。

(2) 该关系的设计是否合理,存在哪些问题?

解：不合理。存在的问题有：

存在数据冗余：一个教师上多门课程，教师信息、系信息、课程信息重复存储。

存在插入异常：教师没有开课，不能插入数据；教师没有部门，不能插入数据。

存在删除异常：删除所有学生选课信息，则删除了所有教师与系的信息。

存在更新异常：重复的信息，如果忘记修改某一个地方，则出现数据不一致。

(3) 对该关系进行规范化，使规范化后的关系属于 3NF。

解：Teacher(<u>Tno</u>,Tname,Title,Dno)

Dept(<u>Dno</u>,Dname,Dloc)

Course(<u>Cno</u>,Cname,Credit)

TC (Tno ,Cno)

【例 10-10】 设有关系模式 R(C,T,S,N,G)，其中 C 代表课程，T 代表教师的职工号，S 代表学生号，N 代表学生的姓名，G 代表分数(成绩)。其中，每一门课由一名教师讲授，每个学生每门课只有一个成绩。

(1) 写出此关系模式的基本函数依赖。

解：$C \rightarrow T$；$S \rightarrow N$；$(C,S) \rightarrow G$

(2) 求该关系模式的候选码。

解：由条件可知：$(CS)^+ = \{CTSNG\}$，而 $C^+ = \{T\}$，$S^+ = \{N\}$，故 R 的候选码为 CS。

(3) 将该模式分解成 BCNF 范式。

解：R1：(C, T) R2：(S,N) R3：(C, S ,G)

(4) 将 R 分解成 R1(C,T,S,G)和 R2(C,S,N,G)试说明它们各符合第几范式，说明理由。

解：R1 和 R2 均为第一范式。R1 和 R2 关系的主码均为(C,S)。

但 R1 中 $C \rightarrow T$，T 对(C, S)为部分函数依赖；R2 中 $S \rightarrow N$，N 对(C, S)为部分函数依赖，所以 R1 和 R2 均为第一范式。

第11章 E-R模型与关系模型设计

【例 11-1】 请设计一个图书馆数据库，此数据库中对每个借阅者保存读者记录，包括读者号、姓名、地址、性别、年龄、单位。对每本书存有书号、书名、作者、出版社。其中每位读者可以借阅多本图书，每本图书也可以在不同时间被多位读者借阅；借阅记录中保存借出日期和应还日期。要求：

(1) 用 E-R 图为图书馆数据库设计概念模型，注明属性和联系类型。

解：图书馆数据库概念模型即 E-R 图如图 11.1 所示。

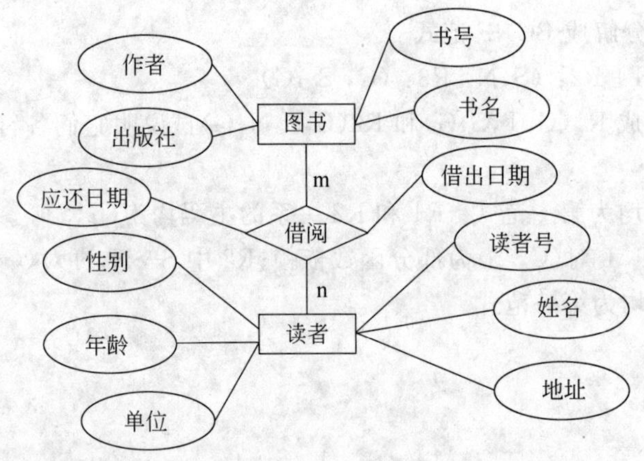

图 11.1 图书馆数据库的 E-R 图

(2) 将 E-R 图转换为等价的关系模型，分析各关系模式是否为 3NF，如果不是，请将其转换为 3NF；模型优化后，请指出每个关系模式的主码和外码。

解：a. 转换

按照转换规则，E-R 图中有两个实体型、一个 m∶n 联系，可转换为三个关系模式，得到下述初步关系模型，其中带下划线的属性为该关系模式的主码，带波浪线的属性为该关系模式的外码。

图书(<u>书号</u>，书名，作者，出版社)。

读者(<u>读者号</u>，姓名，性别，年龄，单位，地址)。

借阅(<u>读者号</u>，<u>书号</u>，借出日期，应还日期)。

b. 模型优化

图书关系：书号为唯一的候选码，剩余非主属性对书号都为完全函数依赖，且不存在传递函数依赖，该关系为 3NF。

读者关系：读者号为唯一的候选码，剩余非主属性对读者号都为完全函数依赖，且不存在传递函数依赖，该关系为 3NF。

借阅关系：按照转换规则读者号和书号为该关系的主码，由于同一读者可以在不同时间借阅同一本图书，按语义约束，只有读者号和图书号不能标识该关系中的唯一一个元组，进一步进行模型优化，该关系的候选码为（图书号、读者号和借出日期）或者（图书号、读者号和应还日期）；该关系中所有属性均为主属性，所以为 3NF；读者号参照读者关系中的读者号，书号参照图书关系中的书号，故读者号和书号均为借阅关系的外码。

优化后的关系模式如下：

图书（书号，书名，作者，出版社）。

读者（读者号，姓名，性别，年龄，单位，地址）。

借阅（读者号，书号，借出日期，应还日期）（注意：在多个候选码中选择哪个候选码做为主码均可）。

【例 11-2】 根据以下描述，百货公司管辖若干连锁商店，每家商店经营若干商品，每家商店有若干职工，但每个职工只能服务于一家商店。实体型“商店”的属性有店号、店名、店址、店经理。实体型“商品”的属性有：商品号、品名、单价、产地。实体型“职工”的属性有：工号、姓名、性别、工资。在联系中应反映职工参加某商店工作的开始时间、商店销售商品的月销售量。

(1) 用 E-R 图为百货公司设计概念模型，注明属性和联系类型。

解：百货公司数据库概念模型即 E-R 图如图 11.2 所示。

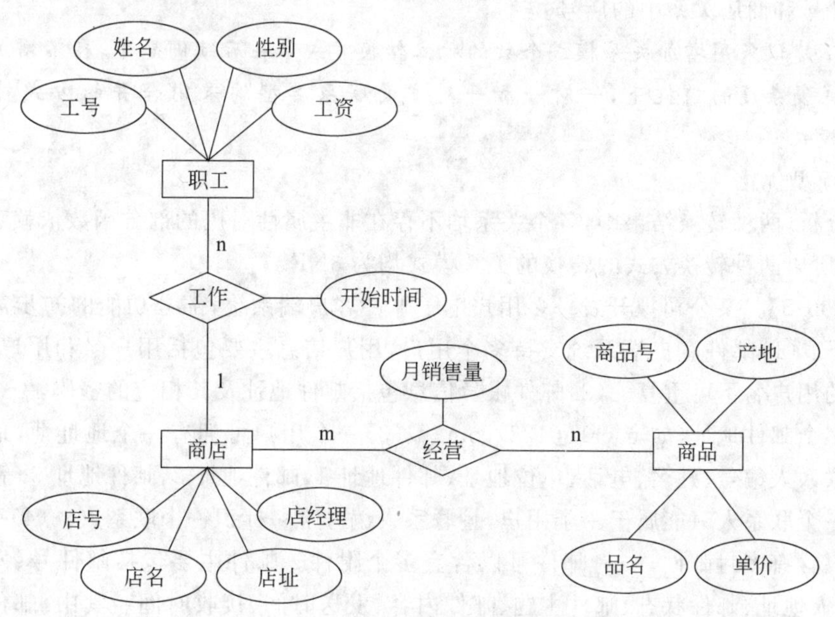

图 11.2 百货公司数据库的 E-R 图

(2) 将 E-R 图转换为等价的关系模型，分析各关系模式是否为 3NF，如果不是，请将其转换为 3NF；模型优化后，请指出每个关系模式的主码和外码。

解：a. 转换

E-R 图中有 3 个实体型、一个 m∶n 联系和一个 1∶n 联系。按照 1∶n 合并转换的方式，可转换为 4 个关系模式，得到下述初步关系模型，其中带下划线的属性为该关系模式的主码，带波浪线的属性为该关系模式的外码。

转换一(1∶n 合并的转换方式)：

商店(店号，店名，店址，店经理)。

职工(工号，姓名，性别，工资，店号，开始时间)：其中，店号为职工关系的外码，参照商店关系中的店号。

商品(商品号，品名，产地，单价)。

经营(店号，商品号，月销售量)。

其中，店号为经营关系的外码，参照商店关系中的店号；商品号为经营关系的外码，参照商品关系中的商品号。

转换二(1∶n 独立转换的方式)：

商店(店号，店名，店址，店经理)。

职工(工号，姓名，性别，工资)。

商品(商品号，品名，产地，单价)。

经营(店号，商品号，月销售量)：其中，店号和商品号为经营关系的外码，分别参照商店关系中的店号和商品关系中的商品号。

工作(工号，店号，开始时间)：其中，工号和店号为工作关系的外码，分别参照职工关系中的工号和商店关系中的店号。

- 不建议采用增加关系模式个数的独立转换方式。在后续例题中，在不增加关系模式复杂度的前提下，一对一和一对多的联系类型均采用合并的方式转换关系模式。

b. 模型优化

经分析，两种转换结果中，各个关系均不存在非主属性对码的部分函数依赖和传递函数依赖，所以两种转换方式的转换的关系模式均为 3NF。

【例 11-3】 某公司拟开发一多用户电子邮件客户端系统，部分功能的初步需求分析结果如下：(1)邮件客户端系统支持多个用户，用户信息主要包括用户名和用户密码，且系统中的用户名不可重复。(2)邮件帐号信息包括邮件地址及其相应的密码，一个用户可以拥有多个邮件地址(如 user1@123. com)。(3)一个用户可拥有一个地址薄，地址薄信息包括联系人编号、姓名、电话、单位地址、邮件地址 1、邮件地址 2、邮件地址 3 等信息，地址薄中一个联系人只能属于一个用户，且联系人编号唯一标识一个联系人。(4)一个邮件帐号可以含有多封邮件，一封邮件可以含有多个附件。邮件主要包括邮件号、发件人地址、收件人地址、邮件状态、邮件主题、邮件内容、发送时间、接收时间。其中，邮件号在整个系统中唯一标识一封邮件，邮件状态有已接收、待发送、已发送和已删除 4 种，分别表示邮件是属于收件箱、发件箱、已发送箱和废件箱。一封邮件可以发送给多个用户。附件信息主要包括附件号、附件名、附件大小。一个附件只属于一封邮件，附件号仅在一封邮件内唯一。

(1) 根据以上说明，请设计 E-R(可省略属性)，注明联系类型。

解：电子邮件客户端系统数据库概念模型即 E-R 图如图 11.3 所示。

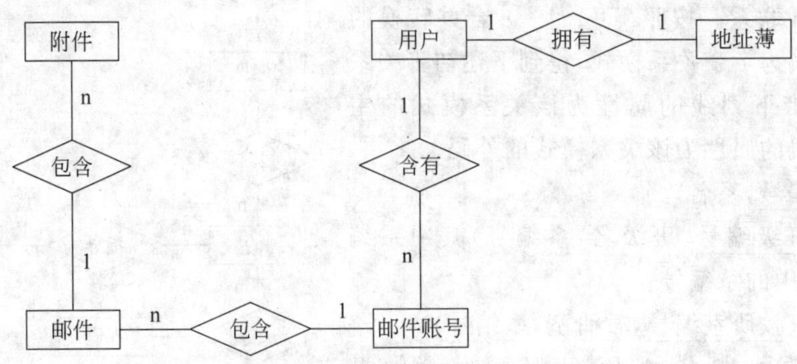

图 11.3 电子邮件客户端系统数据库的 E-R 图

(2) 将 E-R 图转换为等价的关系模型，即该邮件客户端系统的关系模式(3NF)，并指明各个关系的主码和外码。

解：(a) 转换。

E-R 图中有 5 个实体型、一个 1∶1 联系和 3 个 1∶n 联系。按照 1∶1、1∶n 合并转换的方式，可转换为 5 个关系模式，得到下述初步关系模型，其中带下划线的属性为该关系模式的主码，带波浪线的属性为该关系模式的外码。

用户(用户名，用户密码)。

地址薄(用户名，联系人编号，姓名，电话，单位地址，邮件地址 1，邮件地址 2，邮件地址 3)。其中用户名为外码，参照用户关系中的用户名。

邮件帐号(邮件地址，邮件密码，用户名)。

邮件(邮件号，收件人地址，邮件状态，邮件主题，邮件内容，发送时间，接收时间，邮件账户)。

附件(附件号，附件文件名，附件大小，邮件号)其中邮件号为外码，参照邮件关系中的邮件号。

(b) 模型优化。

经分析，转化结果中，各个关系均不存在非主属性对码的部分函数依赖和传递函数依赖，所以转换的关系模式均为 3NF。

【例 11-4】 学校中有若干系，每个系有若干班级和教研室，每个教研室有若干教员，其中有的教授和副教授每人各带若干研究生，每个班有若干学生，每个学生选修若干课程，每门课可由若干学生选修。设学校的属性包括学校编号，学校名称；系的属性包括系编号，系名；班级的属性包括班级编号，班级名；教研室的属性包括教研室编号，教研室名；学生的属性包括学号，姓名，学历；课程的属性包括课程编号，课程名；学生选修每门课程后都有成绩；教员的属性包括职工号，姓名，职称。

(1) 请画出 E-R 图,注明属性和联系类型。

解:学校教务系统数据库概念模型即 E-R 图如图 11.4 所示。

(2) 将 E-R 图转换为等价的关系模型,并指明各个关系的主码和外码。

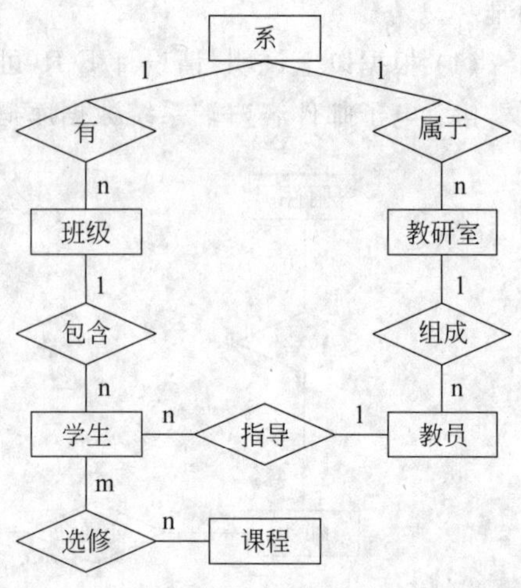

图 11.4　学校教务系统数据库的 E-R 图

解:E-R 图中有 6 个实体型、一个 m∶n 联系和 5 个 1∶n 联系。按照 1∶1、1∶n 合并转换的方式,可转换为 7 个关系模式,得到下述初步关系模型,其中带下划线的属性为该关系模式的主码,带波浪线的属性为该关系模式的外码。

系(系编号,系名)。

班级(班级编号,班级名,系编号)其中系编号参照系表中的系编号。

教研室(教研室编号,教研室,系编号)。

学生(学号,姓名,学历,班级编号,导师职工号)。

课程(课程编号,课程名)。

教员(职工号,姓名,职称,教研室编号)。

选修(学号,课程编号,成绩)。

【例 11-5】 某工厂生产若干产品,每种产品由不同的零件组成,有的零件可用在不同的产品上。这些零件由不同的原材料制成,不同零件所用的材料可以相同。这些零件按所属的不同产品分别放在仓库中,**原材料按照类别放在若干仓库中**。产品的属性包括产品号,产品名;零件的属性包括零件号,零件名;原材料的属性包括原材料号,原材料名,类别;仓库的属性包括仓库号,仓库名;每种产品由特定数量的各种不同零件组成;每种零件由特定数量的各种不同的原材料制成;将零件及原材料存放到仓库时分别记录存储量。

(1) 请画出 E-R 图,并注明属性和联系类型。

解:工厂物资管理系统数据库概念模型即 E-R 图如图 11.5 所示。

(2) 将 E-R 图转换为等价的关系模型,并指明各个关系的主码和外码。

解:E-R 图中有 4 个实体型、3 个 m∶n 联系和一个 1∶n 联系。按照 1∶n 合并转换的方式,可转换为 7 个关系模式,得到下述初步关系模型,其中带下划线的属性为该关系模式的主码,带波浪线的属性为该关系模式的外码。

产品(产品号,产品名)。

零件(零件号,零件名)。

原材料(原材料号,原材料名,类别,仓库号,存储量)。

仓库(仓库号,仓库名)。

产品零件组成(产品号,零件号,数量)。

零件原材料制成(零件号,原材料号,数量)。

存放(零件号,仓库号,数量)。

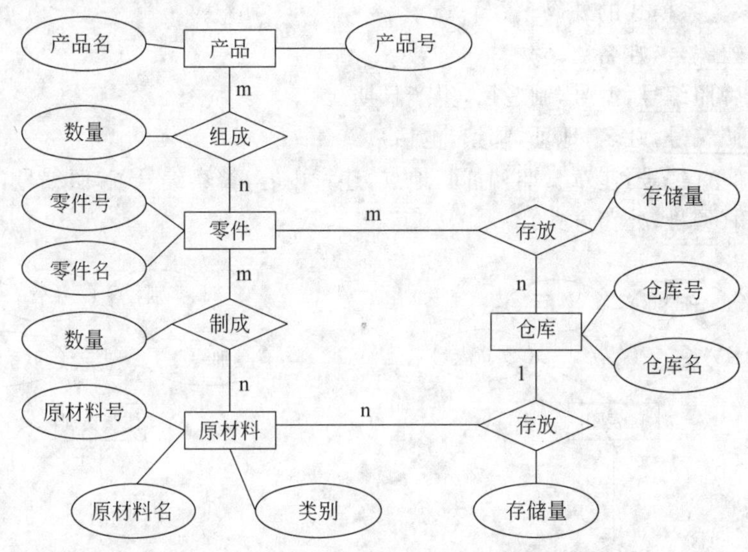

图 11.5　工厂物资管理系统数据库的 E-R 图

【例 11-6】　某体育运动锦标赛有来自全国各地的体育代表团参加各类比赛项目,其中代表团包含有多名运动员,运动员可以参加多个比赛项目,每个比赛项目有多名运动员参加,记录运动员比赛的时间以及成绩,每个比赛类别包含有不同的比赛项目。代表团的属性包括团编号、地区、住所、负责人;运动员的属性包括编号、姓名、年龄、性别、籍贯;比赛项目的属性包括项目编号、项目名称、级别;比赛类别的属性包括类别编号、类别名称、主管、联系方式。

(1) 请画出 E-R 图,并注明属性和联系类型。

解:体育运动锦标赛管理系统数据库概念模型即 E-R 图如图 11.6 所示。

(2) 将 E-R 图转换为等价的关系模型,并指明各个关系的主码和外码。

解:E-R 图中有 4 个实体型、一个 m∶n 联系和两个 1∶n 联系。按照 1∶n 合并转换的方式,可转换为 5 个关系模式,得到下述初步关系模型,其中带下划线的属性为该关系模式的主码,带波浪线的属性为该关系模式的外码。

代表团(团编号,地区,住所,负责人)。

运动员(编号,姓名,性别,年龄,籍贯,团编号)。

比赛项目(项目编号,项目名,级别,类别编号)。

比赛类别(类别编号,类别名,主管,联系方式)。

项目参加(运动员编号,项目编号,比赛时间,得分)。

【例 11-7】　如图 11.7 所示为一张交通违章处罚通知单,试根据该通知单所提供的数据信息设计后台数据库的 E-R 模型(可略去属性),并将 E-R 模型转换为关系数据模型,要求标明各关系模式的主键和外键。

解:交通违章处罚管理系统数据库概念模型即 E-R 图如图 11.8 所示。

E-R 图中有 5 个实体型和 4 个 1∶n 联系。按照 1∶n 合并转换的方式,可转换为 5

个关系模式，得到下述初步关系模型，其中带下划线的属性为该关系模式的主码，带波浪线的属性为该关系模式的外码。

警察(警察编号，姓名)。

机动车(牌照编号，型号，制造厂，生产日期)。

司机(驾照编号，姓名，地址，邮编，电话)。

违章通知单(编号，违章日期，时间，地点，违章内容，警察编号，牌照编号，驾照编号)。

违章处罚(编号，处罚方式)。

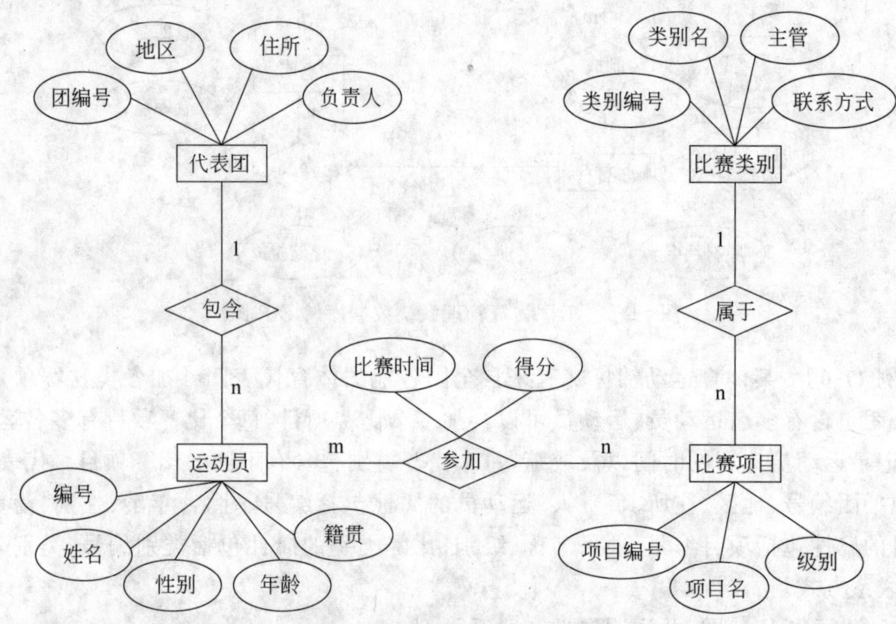

图 11.6　体育运动锦标赛管理系统数据库的 E-R 图

交通违章通知单　　编号：

姓名：________　　驾驶执照号：________

地址：________

邮编：________　　电话：________

机动车牌照号：________　　型号：________

制造厂：________　　生产日期：________

违章日期：________　　时间：________

地点：________　　违章内容：________

处罚方法：________

□ 警告　□罚款　□ 记分　□暂扣驾驶执照　□吊销驾驶执照

警察签字：________　　警察编号：________

被处罚人签字：________

图 11.7　交通违章处罚通知单

【例 11-8】　嘉禾医院门诊管理系统实现了为患者提供挂号、处方药品收费的功能，具体的需求如下：

(1) 医院医生具有编号、姓名、科室、职称、出诊类型和出诊费用，其中，出诊类型分为专家门诊和普通门诊，与医生职称无关；每个医生可以具有不同的出诊费用，与职称和出诊类型无关。

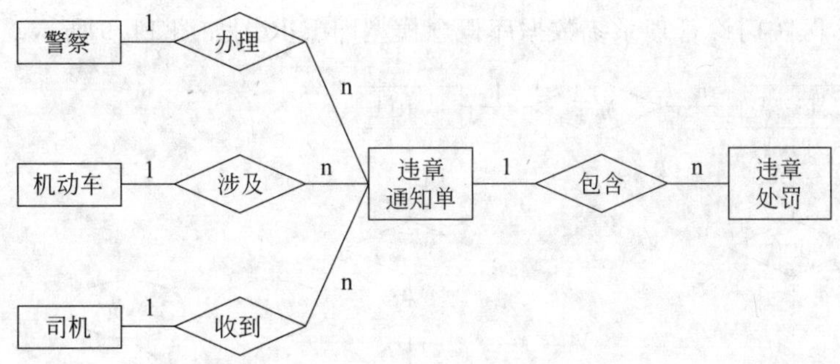

图 11.8　交通违章处罚管理系统数据库的 E-R 图

(2) 患者首先在门诊挂号处挂号，选择科室与医生，根据所选择的医生缴纳挂号费(医生出诊费)。收银员为患者生成挂号单，如表 11.1 所示，其中，就诊类型为医生的出诊类型。

表 11.1　门诊挂号单

收银员：110112				**时间：2014 年 1 月 27 日 15：13：54**	
就诊号	姓名	科室	医生	就诊类型	挂号费
2014010921	李梦	耳鼻喉	张明远	专家门诊	100

(3) 患者在医生处就诊后，凭挂号单和医生手写处方到门诊药房交费买药。收银员根据就诊号和医生处方中列出开列的药品信息查询药品库(如表 11.2 所示)，并生成门诊处方单(如表 11.3 所示)。

表 11.2　药品库

药品编码	**药品名称**	**类型**	**库存**	**货架编号**	**单位**	**规格**	**单价**
20090101	天冬	中药	56876	A1290	G	片	0.5
20090102	雪莲花	中药	86598	A1427	G	片	0.6
20090103	贝母	中药	67569	A1513	G	片	0.8

表 11.3　门诊处方单

时间：16：42：25					
就诊号：2014010921		病人姓名：李梦		医生姓名：张明远	
金额总计：11.0		项目总计：2		收银员：100101	
药品编码	药品名称	数量	单位	单价	金额
20090101	天冬	10.0	G	0.5	5.0
20090102	雪莲花	10.0	G	0.6	6.0

(4) 由于药品价格会发生变化,因此门诊管理系统必须记录处方单上药品的单价。

要求:

(1) 请画出 E-R 图,注明联系类型(实体的属性可略去)。

解:嘉禾医院门诊管理系统数据库概念模型即 E-R 图如图 11.9 所示。

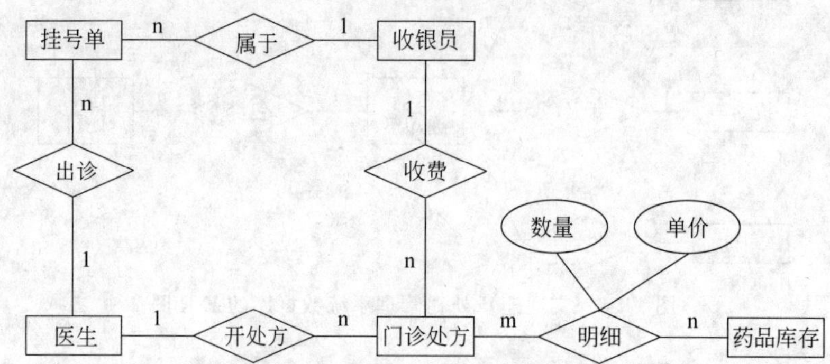

图 11.9 嘉禾医院门诊管理系统数据库的 E-R 图

(2) 将 E-R 图转换为等价的关系模型,并指明各个关系的主码和外码。

解:E-R 图中有 5 个实体型、一个 m∶n 联系和 4 个 1∶n 联系。按照 1∶n 合并转换的方式,可转换为 6 个关系模式,得到下述初步关系模型,其中带下划线的属性为该关系模式的主码,带波浪线的属性为该关系模式的外码。

挂号单(<u>就诊号</u>,病患姓名,医生编号,时间,收银员)。

收银员(<u>编号</u>,姓名,级别)。

医生(<u>编号</u>,姓名,科室,职称,出诊类型,出诊费用)。

门诊处方(<u>就诊号</u>,<u>收银员</u>,时间)。

处方明细(<u>就诊号</u>,<u>药品编码</u>,数量,单价)。

药品库存(<u>药品编码</u>,药品名称,类型,库存,货架编号,单位,规格,单价)。

【例 11-9】 建立一个关于学生、社团、社团活动等信息的高校社团的关系数据库。

有关语义如下:一名学生可以参加多个社团,成为不同社团的社团成员,每个社团有一名教师负责管理,一名教师可以管理多个社团;每个社团可以开展多个不同的社团活动,保存开展日期,社团成员可以参加多种社团活动,对参加的情况进行评级;对社团的开展情况主管教师进行活动评价;数据库中存储社团成员的能力状况和在团期间的奖励信息,以备社团活动开展充分使用资源。

描述学生的属性有:学号、姓名、性别、出生年月、政治面貌。

描述社团的属性有:社团编号、类别、名称、成员数、组织描述。

描述社团成员的属性有:成员编号、职务、证件编号、发放日期。

描述主管教师的属性有:教师编号、姓名、性别、政治面貌、职称、电话。

描述社团活动的属性有:社团活动编号、开展日期、主题、参加成员数、活动级别、活动内容。

描述活动评价的属性有:社团活动编号、评价日期、评分、备注。

描述奖励信息的属性有：奖励编号、奖励日期、奖项、奖励描述。

描述能力状况的属性有：编号、日期、健康状况、体育特长、文学特长、艺术特长。

(1) 请画出 E-R 图，注明联系类型(实体的属性可略去)。

解：高校社团管理系统数据库概念模型即 E-R 图如图 11.10 所示。

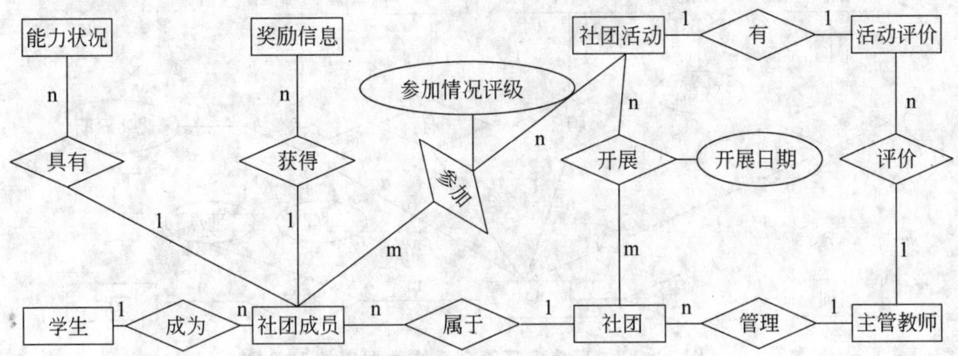

图 11.10　高校社团管理系统数据库的 E-R 图

(2) 将 E-R 图转换为等价的关系模型，并指明各个关系的主码和外码。

解：E-R 图中有 8 个实体型、两个 m∶n 联系、6 个 1∶n 联系和一个 1∶1 联系。按照 1∶1、1∶n 合并转换的方式，可转换为 10 个关系模式，得到下述初步关系模型，其中带下划线的属性为该关系模式的主码，带波浪线的属性为该关系模式的外码。

学生(学号，姓名，性别，出生年月，政治面貌)。

社团成员(成员编号，职务，证件编号，发放日期，社团编号，学号)。

社团(社团编号，类别，名称，成员数，组织描述，主管教师编号)。

主管教师(教师编号，姓名，性别，政治面貌，职称，电话)。

社团活动(社团活动编号，开展日期，主题，参加成员数，活动级别，活动内容)。

活动评价(社团活动编号，评价日期，评分，备注，主管教师编号)。

奖励信息(奖励编号，奖励日期，奖项，奖励描述，成员编号)。

能力状况(编号，日期，健康状况，体育特长，文学特长，艺术特长，成员编号)。

参加社团活动(社团活动编号，成员编号，参加情况评级)。

社团活动开展(社团编号，社团活动编号，开展日期)。

【例 11-10】　请设计一个关于职工、部门、岗位、技能、培训、奖惩、工资等信息的高校人事管理系统的数据库。

描述职工的属性有：职工编号，姓名，性别，出生年月，学历，职称，政治面貌。

描述部门的属性有：部门号，部门名称，职能，办公地址，联系电话。

描述岗位的属性有：岗位编号，岗位名称，岗位等级。

描述技能的属性有：技能编号，技能名称，技能等级，认可机构。

描述奖惩的属性有：奖惩编号，奖惩标志，项目，奖惩金额。

描述培训的属性有：培训编号，培训名称，培训内容，承办机构。

描述工资的属性有：职工编号，基本工资，岗位津贴，职务津贴，课时津贴，养老金，失业金，公积金，纳税。

(1) 请画出 E-R 图，注明联系类型(实体的属性可略去)。

解：高校人事管理系统数据库概念模型即 E-R 图如图 11.11 所示。

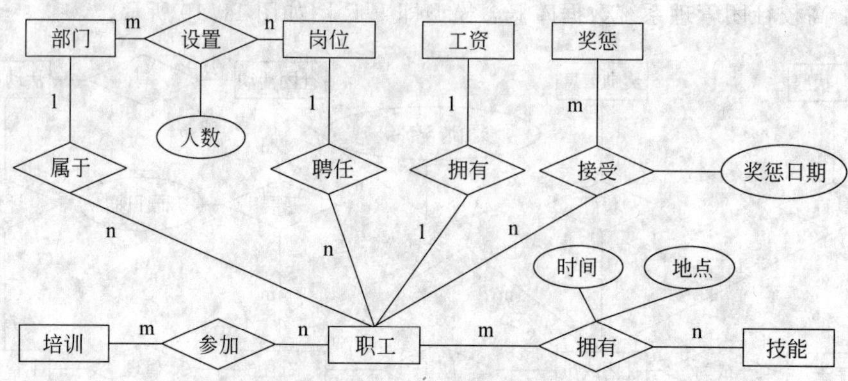

图 11.11　高校人事管理系统数据库的 E-R 图

(2) 将 E-R 图转换为等价的关系模型，并指明各个关系的主码和外码。

解：E-R 图中有 7 个实体型、4 个 m∶n 联系、两个 1∶n 联系和一个 1∶1 联系。按照 1∶1、1∶n 合并转换的方式，可转换为 11 个关系模式，得到下述初步关系模型，其中带下划线的属性为该关系模式的主码，带波浪线的属性为该关系模式的外码。

职工(职工编号，姓名，性别，出生年月，学历，职称，政治面貌，岗位编号，部门编号)。

部门(部门编号，部门名称，职能，办公地址，联系电话)。

岗位(岗位编号，岗位名称，岗位等级)。

技能(技能编号，技能名称，技能等级，认可机构)。

奖惩(奖惩编号，奖惩标志，项目，奖惩金额)。

培训(培训编号，培训名称，培训内容，培训时间，培训地点，级别，承办机构)。

工资(职工编号，基本工资，岗位津贴，职务津贴，课时津贴，养老金，失业金，公积金，纳税)。

继续教育(职工编号，培训编号)。

岗位设置(部门编号，岗位编号，人数)。

人才考核(职工编号，技能编号，时间，地点)。

奖惩信息(职工编号，奖惩编号，奖惩日期)。

【例 11-11】 请设计一个关于车辆、车主、驾驶员、制造商、警察、保险公司等信息的车辆管理信息系统的数据库，便于交通管理大队对违章和事故等数据信息进行管理。

描述制造商的属性有：制造商编号，名称，地址。

描述交通管理大队的属性有：大队编号，地址，区域，联系电话。

描述警察的属性有：警号，姓名，性别，出生年月。

描述车主的属性有：身份证号，姓名，住址，电话。

描述车辆的属性有：车辆牌号，型号，发动机号，座位数，登记日期。

描述驾驶员的属性有：驾驶证号，姓名，性别，地址，准驾车型，发证日期。

(1) 请画出 E-R 图，注明联系类型(属性可略去)。

解：车辆管理系统数据库概念模型即 E-R 图如图 11.12 所示。

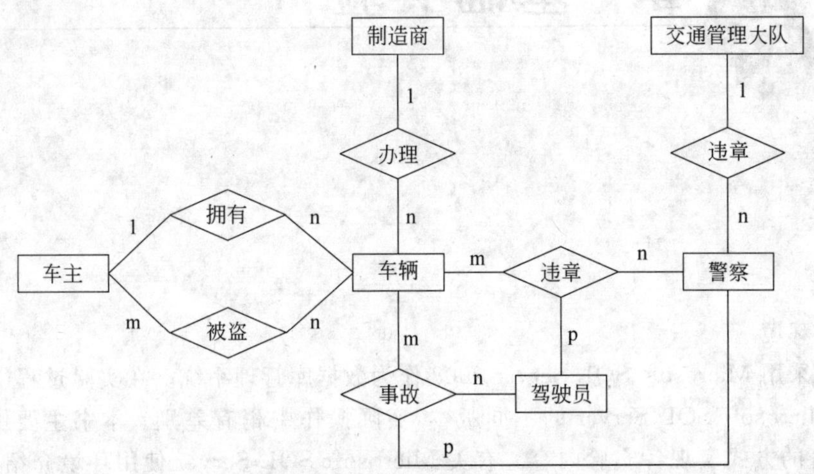

图 11.12 车辆管理系统数据库的 E-R 图

(2) 将 E-R 图转换为等价的关系模型，并指明各个关系的主码和外码。

解：E-R 图中有 6 个实体型、两个 m∶n∶p 联系、一个 m∶n 联系和 3 个 1∶n 联系。按照 1∶n 合并转换的方式，可转换为 9 个关系模式，得到下述初步关系模型，其中带下划线的属性为该关系模式的主码，带波浪线的属性为该关系模式的外码。

制造商(制造商编号，名称，地址)。

交通管理大队(大队编号，地址，区域，联系电话)。

警察(警号，姓名，性别，出生年月，大队编号)。

车主(身份证号，姓名，住址，电话)。

车辆(车辆牌号，型号，发动机号，座位数，登记日期，制造商编号，车主身份证号)。

驾驶员(驾驶证号，姓名，性别，地址，准驾车型，发证日期)。

被盗(被盗编号，被盗时间，被盗地点，找回时间，找回地点，车主身份证号，车辆牌号)。

违章(违章编号，时间，地点，违章行为，处理结果，车辆牌号，驾驶证号，警号)。

事故(事故编号，时间，地点，事故简要，处理结果，车辆牌号，驾驶证号，警号)。

第12章 基础实验

实验环境

本书采用 Microsoft SQL Server 2008 作为数据库管理系统。在实验过程中,读者可以选取 Microsoft SQL Server 的不同版本,实际操作中稍有差别。本书主要侧重于 T-SQL 语言的方式实现各实验内容。有关 Microsoft SQL Server 使用环境介绍和界面操作方式实现实验内容的操作方法,读者可参考相关 Microsoft SQL Server 教材或在线帮助文件。

编写体例说明

基础实验指导部分包含 12 个实验,其中每个实验的编写体例如下。

1. 实验目的

列出本次实验的主要目的。

2. 实验类型

指出本次实验所属类型。

3. 相关知识

主要介绍与实验相关的原理、背景知识等。

4. 实验内容及指导

列出实验的详细内容及要求,讲解实验内容与要求的关键步骤、重点、难点、指出实验的注意事项。

5. 实验作业

针对本次实验给出上机练习题。

6. 实验总结

对实验进行总结,撰写实验报告。

实验选用的数据库案例说明

在实验要求和指导书中所采用的案例是“教学管理”数据库(语义约定：每门课程只能选用某一图书作为教材)，其 E-R 图如图 12.1 所示。

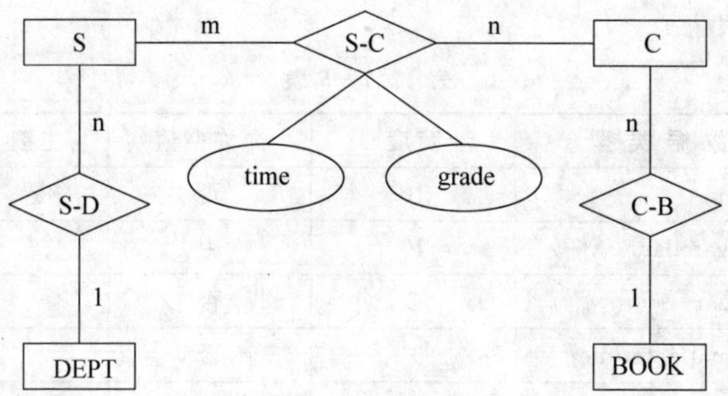

图 12.1 教学管理数据库的 E-R 图

其中，各个实体的属性说明如下。

S：学生

属性	sno	sname	sex	birth	homadd	endate
说明	学号(唯一)	姓名	性别	出生年月	家庭住址	入学时间

C：课程

属性	cno	cname	credit	cpno	tperiod
说明	课程号(唯一)	课程名	学分	先修课课程号	总学时

DEPT：系

属性	dno	dname	dheader	snum
说明	系号(唯一)	系名	系主任	学生人数

BOOK：图书

属性	bno	bname	author	bpc	price
说明	书号(唯一)	书名	作者	出版社	定价

其中实体型 S 与 C 之间的联系 S-C 有属性 grade 和 time，用于表示选修的课程成绩和选课学期。

将上述 E-R 图转换为关系模型，并将其规范化到 BCNF，可以得到以下教学管理(JXGL)数据库的模式结构，其中带下划线的属性(组)为该关系模式的主键，带波浪线的属性为该关系模式的外键。

(1) S(sno, sname, sex, birth, homadd, endate, dno)。

(2) C(cno, cname, credit, cpno, tperiod, bno)。

(3) SC(sno, cno, grade, time)。

(4) DEPT(dno, dname, dheader, Snum)。

(5) BOOK(bno, bname, author, bpc, price)。

JXGL 数据库有五张数据表,各表的结构说明分别如表 12.1、表 12.2、表 12.3、表 12.4和表 12.5 所示。

表 12.1 S 表

列 名 称	数 据 类 型	宽度	允许空值	主键	说 明
sno	char	10	否	是	学号
sname	nvarchar	10	否		姓名
sex	char	2	否		性别
birth	smalldatetime		否		出生年月
homadd	nvarchar	40	是		家庭住址
endate	smalldatetime		是		入学时间
dno	char	10	是		系号

表 12.2 C 表

列 名 称	数 据 类 型	宽度	允许空值	主键	说 明
cno	char	10	否	是	课程号
cname	nvarchar	20	否		课程名
credit	tinyint		否		学分
cpno	char	10	是		先修课课程号
tperiod	tinyint		是		总学时
bno	char	10	是		选用教材编号

表 12.3 SC 表

列 名 称	数 据 类 型	宽度	允许空值	说 明
sno	char	10	否	学号
cno	char	10	否	课程号
grade	tinyint		否	成绩
time	char	10	否	选课学期

表 12.4 Dept 表

列 名 称	数 据 类 型	宽度	允许空值	主键	说 明
dno	char	10	否	是	系号
dname	char	20	否		系名
dheader	nvarchar	8	否		系主任姓名
snum	tinyint				学生人数

表 12.5 BOOK 表

列 名 称	数据类型	宽度	允许空值	主键	说 明
bno	char	10	否	是	书号
bname	varchar	30	否		书名
bpc	varchar	30	否		出版社
author	nvarchar	8	是		作者
price	numeric	5.1	是		定价

本书中，我们在路径 D：/ZYX/下存储相关文件和数据信息。

实验 1 数据库的创建与管理

1. 实验目的

(1) 熟练掌握在 SQL Server Mnagement Studio 图形界面下创建数据库的方法，了解数据库的逻辑结构和物理结构；

(2) 熟练掌握用 SQL 语句创建数据库的方法；

(3) 掌握数据库的修改与删除方法。

2. 实验类型

验证型、设计型。

3. 相关知识

创建数据库的 SQL 语句的语法格式：

```
CREATE DATABASE database_name
[ON [PRIMARY]  [<filespec>[,…,n]
[,<filegroupspec>[,…,n]]  ]
[LOG ON {<filespec>[,…,n]}]
[FOR LOAD|FOR  ATTACH]
```

其中：

```
   <filespec>: : =
[NAME=logical_file_name,]
   FILENAME='os_file_name'
  [,SIZE=size]
  [,MAXSIZE={max_size|UNLIMITED}]
  [,FILEGROWTH=growth_increment]  [,…,n]
<filegroupspec>: : =
```

```
FILEGROUP filegroup_name<filespec>[,…,n]
```

各参数的含义：

- database_name：新数据库的名称。数据库名称在服务器中必须唯一，最长为128个字符，并且要符合标识符的命名规则。每个服务器管理的数据库最多为32767个。
- ON：指定存放数据库的数据文件信息。<filespec>列表用于定义主文件组的数据文件，<filegroup>列表用于定义用户文件组及其中的文件。
- PRIMARY：用于指定主文件组中的文件。主文件组的第一个由<filespec>指定的文件是主文件。如果不指定PRIMARY关键字，则在命令中列出的第一个文件将被默认为主文件。
- LOG ON：指明事务日志文件的明确定义。如果没有本选项，则系统会自动产生一个文件名前缀与数据库名相同，容量为所有数据库文件大小1/4的事务日志文件。
- FOR LOAD：表示计划将备份直接装入新建的数据库，主要是为了和过去的SQL Server版本兼容。
- FOR ATTACH：表示在一组已经存在的操作系统文件中建立一个新的数据库。
- NAME：指定数据库的逻辑名称。
- FILENAME：指定数据库所在文件的操作系统文件名称和路径，该操作系统文件名和NAME的逻辑名称一一对应。
- SIZE：指定数据库的初始容量大小。如果没有指定主文件的大小，则SQL Server默认其与模板数据库中的主文件大小一致，其他数据库文件和事务日志文件则默认为1MB。指定大小的数字size可以使用KB、MB、GB和TB后缀，默认的后缀为MB。Size中不能使用小数，其最小值为512KB，默认值为1MB。主文件的size不能小于模板数据库中的主文件。
- MAXSIZE：指定操作系统文件可以增长到的最大尺寸。如果没有指定，则文件可以不断增长直到充满磁盘。
- FILEGROWTH：指定文件每次增加容量的大小，当指定数据为0时，表示文件不增长。增加量可以确定为以KB、MB作后缀的字节数或以%作后缀的被增加容量文件的百分比来表示。默认后缀为MB。如果没有指定FILEGROWTH，则默认值为10%，每次扩容的最小值为64KB。

注：

- 创建用户数据库后，要备份master数据库。
- 所有数据库都至少包含一个主文件组。所有系统表都分配在主文件组中。数据库还可以包含用户定义的文件组。
- 每个数据库都有一个所有者，可在数据库中执行某些特殊的活动。数据库所有者是创建数据库的用户，也可以使用sp_changedbowner更改数据库所有者。
- 创建数据库的权限默认地授予sysadmin和dbcreator固定服务器角色的成员。

4. 实验内容及指导

【实验 1-1】 创建一个只含一个数据文件和一个事务日志文件的数据库。数据库名为 JXGL1,主数据库文件逻辑名称为 JXGL1_data,数据文件的操作系统名称 JXGL1.mdf,数据文件初始大小为 10MB,最大值为 500MB,数据文件大小以 5%的增量增加。日志逻辑文件名称 JXGL1_log.ldf,事务日志的操作系统名称 JXGL1.ldf,日志文件初始大小为 5MB,最大值 200MB,日志文件以 2MB 增量增加。

```
CREATE  DATABASE   JXGL1
    ON  PRIMARY
(NAME=JXGL1_data,
  FILENAME=' d: \zyx\jxgl1.mdf',
    SIZE=10MB,
    MAXSIZE=500MB,
    FILEGROWTH=5%)
LOG ON
(NAME=JXGL1_log,
    FILENAME='d: \zyx\jxgl1.ldf',
    SIZE=5MB,
    MAXSIZE=200MB,
        FILEGROWTH=2MB)
GO
```

【实验 1-2】 创建一个指定多个数据文件和日志文件的数据库。该数据库名称为 JXGL2,有两个 20MB 的数据文件和两个 10MB 的事务日志文件。主文件是列表中的第一个文件,并使用 PRIMARY 关键字显式指定。事务日志文件在 LOG ON 关键字后指定。注意 FILE_NAME 选项中所用的文件扩展名:主数据文件使用.mdf,次数据文件使用.ndf,事务文件使用.ldf。

```
CREATE DATABASE  JXGL2
    ON
PRIMARY(NAME=JXGL21_data,
        FILENAME='d: \zyx\JXGL21.mdf',
        SIZE=10MB,
        MAXSIZE=200,
        FILEGROWTH=20),
(NAME=JXGL22_data,
        FILENAME='d: \zyx\JXGL22.ndf',
        SIZE=10MB,
        MAXSIZE=200,
            FILEGROWTH=20)
LOG ON
(NAME=JXGL21_log,
        FILENAME='d: \zyx\JXGL21.ldf',
```

```
        SIZE=10MB,
        MAXSIZE=200,
        FILEGROWTH=20),
(NAME=JXGL22_log,
        FILENAME=' d:\zyx\JXGL22.ldf',
        SIZE=10MB,
        MAXSIZE=200,
        FILEGROWTH=20)
GO
```

【实验 1-3】 创建一个包含两个文件组的数据库。该数据库名为 JXGL3，主文件组包含文件 JXGL31_data 和 JXGL32_data。文件组 JXGL3_group 包含文件 JXGL33_data 和 JXGL34_data。两个文件组数据文件的 FILEGROWTH 增量为 10%，数据文件的初始大小为 20 MB。事务日志文件的文件名为 JXGL3_log，FILEGROWTH 增量为 10%，日志文件的初始大小为 10MB。

```
CREATE  DATABASE  JXGL3
    ON  PRIMARY
(NAME=JXGL31_data,
    FILENAME='d:\zyx\JXGL31.mdf',
    SIZE=20MB,
FILEGROWTH=10%),
(NAME=JXGL32_data,
    FILENAME='d:\zyx\JXGL32.ndf',
            SIZE=20MB,
            FILEGROWTH=10%),
FILEGROUP  JXGL3_Group
(NAME=JXGL33_data,
            FILENAME='d:\zyx\JXGL33.ndf',
    SIZE=20MB,
                FILEGROWTH=10%),
(NAME=JXGL34_data,
        FILENAME='d:\zyx\JXGL34.ndf',
        SIZE=20MB,
        MAXSIZE=50MB,
          FILEGROWTH=10%)
LOG ON
(NAME=JXGL3_log,
    FILENAME='d:\zyx\JXGL3.ldf',
  SIZE=5MB,
MAXSIZE=25MB,
            FILEGROWTH=10%)
GO
```

【实验 1-4】 修改实验 1-1 中的数据库 JXGL1，添加一个初始大小为 10MB，最大值为 20MB，增量为 2MB 的从数据文件(JXGL10_data)。

```
ALTER DATABASE JXGL1
ADD FILE(NAME=JXGL10_data,
        FILENAME='d:\zyx\JXGL10.ndf',
            SIZE=10MB,
              MAXSIZE=20MB,
                    FILEGROWTH=2MB)
```

【实验 1-5】 修改实验 1-1 中的数据库 JXGL1 日志文件的最大值由 200MB 改为现在的 100MB。

```
ALTER DATABASE  JXGL1
MODIFY  FILE(NAME=JXGL1_log,
MAXSIZE=100MB)
```

【实验 1-6】 将实验 1-4 数据库 JXGL1 中的从数据文件 JXGL10_data 从数据库中删除。

```
ALTER DATABASE  JXGL1
REMOVE  FILE  JXGL10_data
```

【实验 1-7】 使用 T-SQL 语句把 JXGL1 数据库重命名为 JXGL。

```
SP_RENAMEDB  'JXGL1',  'JXGL'
```

【实验 1-8】 使用 T-SQL 语句，删除 JXGL 数据库。

```
DROP  DATABASE  JXGL
```

5. 实验作业

(1) 创建名为 JXGL 的数据库，主数据库文件逻辑名称为 JXGL_data，数据文件的操作系统名称 jxgl.mdf，数据文件初始大小为 5MB，最大值为 500MB，数据文件大小以 10%的增量增加。日志逻辑文件名称 jxgl_log.ldf，事务日志的操作系统名称 jxgl.ldf，日志文件初始大小为 10MB，最大值 200MB，日志文件以 1MB 增量增加；

(2) 使用 T-SQL 语句将 JXGL 数据库的初始分配空间大小扩充到 20MB；

(3) 使用 T-SQL 语句为 JXGL 数据库添加一个初始大小为 10MB，最大值为 200MB，增量为 2MB 的从数据文件(JXGL_data1)；

(4) 使用 T-SQL 语句将 JXGL 数据库更名为“NEWJXGL”；

(5) 使用 T-SQL 语句删除 NEWJXGL 数据库。

6. 实验总结

(1) 实验内容的完成情况；

(2) 对重点实验结果进行分析；

(3) 出现的问题；

(4) 解决方案(列出遇到的问题和解决方法，列出没有解决的问题)；

(5) 收获和体会。

实验 2　数据表的创建与管理

1. 实验目的

(1) 掌握 SQL 语言创建基本表的方法；
(2) 了解 SQL 语言的基本数据类型；
(3) 熟练掌握使用 SQL 语言对表的结构进行修改；
(4) 熟练掌握使用 SQL 语言删除表，重命名表；
(5) 掌握使用 SQL 语言对数据表中的数据进行增删改的操作；
(6) 熟练掌握使用界面操作方式创建和管理基本表，对表中数据进行增删改的方法。

2. 实验类型

验证型、设计型。

3. 相关知识

(1) 使用 T-SQL 语言创建表的语法格式如下：

```
CREATE  TABLE  table_name
(column_name  data_type  [null|not null][,…,n])
```

在上述语法形式中：

- table_name：为新创建的表指定的名字。
- column_name：列名。
- data_type：列的数据类型和宽度。
- null|not null：指定该列是否允许为空。
- [,…,n]：允许创建多个字段。

(2) 数据表的特点：

- 在特定的数据库中表名是唯一的，在特定的表中，列名是唯一的，但不同的表可以有相同的列名。两者的唯一性都是由 SQL Server 强制实现的。
- 表是由行和列组成的，行又称为记录，列被称为字段。行和列的次序是任意的。
- 每个表最多 1024 列，每行最多 8060 字节的用户数据。
- 数据行在表中是唯一的，行的唯一性可以通过定义主键来实现。在一个表中，不允许有两个完全相同的行存在。

(3) 与表结构设计相关的概念。

- NULL 与 NOT NULL。
  - ♦ 在数据库中 NULL 是一个特殊值，表示数值未知。
  - ♦ NULL 不同于空字符或数字 0，也不同于零长度字符串。

♦ 比较两个空值或将空值与任何其他数值相比均返回未知。

♦ 如果某个列上的空值属性为 NULL，表示接受空值；空值属性为 NOT NULL，表示拒绝空值。

♦ 在程序代码中，要检查空值以便只在具有有效（或非空）数据的行上进行某些计算。执行计算时消除空值很重要，因为如果包含空值列，某些计算（如平均值）会不准确。若要测试数据列中的空值，可在 WHERE 子句中使用 IS NULL 或 IS NOT NULL。

注意：为了减少对已有查询或报表的维护和可能的影响，建议尽量少使用空值。

• 缺省值（DEFAULT）：缺省值表示在用户未输入数据时列的取值。

• 计算列（CALCULATED COLUMN）：一个表的某些列的取值是由基于定义该列的表达式计算得到的。该列不是存储数据的列，是表的虚拟列，该列中的值并未存储在表中，而是在运行时经过计算而得到的。

• 标识列（IDENTITY）。

♦ IDENTITY 属性使得某一列的取值是基于上一行的列值和为该列定义的步长自动生成的。IDENTITY 列的值可以唯一地标识表中的一行。

♦ 定义一个 IDENTITY 列，必须给出一个种子值（初始值），一个步长值（增量）。在一个 IDENTITY 列定义后，每当向表中插入一行数据时，IDENTITY 列就会自动产生下一个值。在插入数据行的语句中，不应包含 IDENTITY 列的值，该列的值由系统自动给出。

定义 IDENTITY 列时，应注意如下几点：

♦ 每张表只允许有一个 IDENTITY 列。

♦ DENTITY 列不能被更新。

♦ IDENTITY 列不允许有 NULL 值。

♦ IDENTITY 列只能用于具有下列数据类型之一的列：INT、SMALLINT、TINYINT、NUMERIC（小数部分为 0）、DECIMAL（小数部分为 0）。

♦ 通过函数 ident_seed（table_name）可获得 seed 值，通过 ident_incr（table_name）可获得步长值，使用全局变量@@identity 可以返回标识列的数据。

（4）使用 T-SQL 语言修改表的语法格式：

```
ALTER TABLE  tablename
  {
   [ ALTER  COLUMN  column_name
       {new_data_type  [ (precision [ scale ]) ]
         [ NULL | NOT NULL ]}]
            | ADD
              {[<add_column_name   add_data_type>]}
          [,...n ]
          | DROP  COLUMN {drop_colum_name} [,...n ]
          }
```

在语法形格式中：

- column_name：要修改的列名。
- new_data_type：要修改列的新数据类型。
- precision：是指定数据类型的精度。
- scale：是指定数据类型的小数位数。
- add_column_name：要添加到表中的列名。
- add_data_type：要添加到表中的列的数据类型。
- drop_colum_name：要从表中删除的列名。
- [,...n]：可以有多个列。

(5) 使用 T-SQL 语言进行插入数据的语法格式：

```
INSERT [INTO ]
{table_name |view_name} [(column_list)]
{VALUES (values_list) |select_statement}
```

其中：

- table_name |view_name：要插入数据的表名及视图名。
- column_list：要插入数据的字段名。
- values_list：与 column_list 相对应的字段的值。
- select_statement：通过查询向表插入数据的条件语句。

注：

- 当向表中所有列都插入新数据时，可以省略列名表，但是必须保证 VALUES 后的各数据项位置同表定义时顺序一致。
- 要保证表定义时的非空列必须有值，即使这个非空列没有出现在插入语句中，也必须如此。
- 字符型和日期型值插入时要加入单引号‘’。
- 没有列出的数据类型应该具有以下属性之一：IDENTITY 属性、timestamp 数据类型、具有 NULL 属性或者有一个缺省值。对于具有 IDENTITY 属性的列，其值由系统给出，用户不必往表中插入数据。
- 在用 INSERT INTO 插入数据时，也可以省略字段名列表，但使用时 VALUES 后数值的顺序一定要与表中定义列的顺序相同。
- 使用 INSERT 语句一次只能插入一行数据，而在 INSERT 语句中加入查询子句 SELECT，通过 SELECT 子句从其他表或视图中选出数据，再将其插入到指定的表中，可以一次插入多行数据。

(6) 使用 T-SQL 语言进行更新数据的语法格式：

```
UPDATE  {table_name | view_name}
SET  {column_list |variable_list}=expression
[WHERE search_conditions ]
```

在语法格式中：

- table_name | view_name: 要更新数据的表名或视图名。
- column_list |variable_list: 要更新数据的字段列表或变量列表。
- expression: 更新后新的数据值。
- WHERE search_conditions: 更新数据所应满足的条件。

注: UPDATE 只能在一张表上操作,并且更新后的数据必须满足表原先的约束条件,否则,数据更新将不会成功。

(7) 使用 T-SQL 语言删除表中数据的语法格式:

```
DELETE  [FROM]  table_name
WHERE  search_conditions
```

注: 若不加 WHERE 子句,将会删除表中的所有的记录,所以使用时应特别小心。

4. 实验内容及指导

【实验 2-1】 使用 SQL 语句创建表,在 JXGL 数据库中创建一个学生信息表 S,S 表的结构及数据类型见下表所示。

S 表

列 名 称	数 据 类 型	宽度	允许空值	主键	说 明
sno	char	10	否	是	学号
sname	nvarchar	10	否		姓名
sex	char	2	否		性别
birth	smalldatetime		否		出生年月
homadd	nvarchar	40	是		家庭住址
endate	smalldatetime		是		入学时间
dno	char	10	是		系号

```
USE  JXGL
GO
CREATE TABLE  S
   (  sno  char(10)        PRIMARY  KEY,
      sname  nvarchar(10)      NOT  NULL,
      sex     char(2)              NOT  NULL ,
      birth     smalldatetime       NOT  NULL,
      homadd  nvarchar(40),
      endate     smalldatetime,
      dno        char(10)
   )
```

【实验 2-2】 在 JXGL 数据库中创建一个学生信息表 S,S 表的结构如上表所示,对表中的 SEX 列进行修改,为其增加缺省约束值 1(男)。

```
USE  JXGL
GO
    CREATE TABLE  S
      (  sno  char(10)          PRIMARY  KEY,
       sname  nvarchar(10)      NOT  NULL,
       sex    char(2)           DEFAULT(1),
       birth    smalldatetime       NOT  NULL,
       homadd  nvarchar(40),
       endate    smalldatetime,
       dno      char(10)
    )
```

【实验 2-3】 在 JXGL 数据库中，创建一个系表 DEPT，系表的结构及数据类型如下表所示。

DEPT 表

列名称	数据类型	宽度	允许空值	约　　束	说　明
dno	int	10	否	主键、identity(1,1)	系号
dname	char	20	否		系名
dheader	nvarchar	8	否		系主任姓名
snum	tinyint				学生人数

```
CREATE TABLE  DEPT
     (  dno    int   IDENTITY(1,1)  PRIMARY  KEY,
      dname   char(20)  NOT NULL,
      dheader  nvarchar(8)  NOT NULL,
      snum    tinyint
       )
```

【实验 2-4】 在 JXGL 数据库中，创建系表 DEPT，DEPT 表的结构及数据类型见上表所示，对其中的列 dept 进行修改，为其增加唯一约束。

```
USE  JXGL
GO
/* 如果存在同名的表,则删除之* /
IF  EXISTS (SELECT  NAME  FROM  SYSOBJECTS
    WHERE  NAME='DEPT')
    DROP  TABLE  DEPT
    GO
CREATE TABLE   DEPT
        (  dno    int    IDENTITY(1,1)  PRIMARY  KEY,
      dname   char(20)  UNIQUE  NOT NULL,
      dheader  nvarchar(8)    NOT NULL,
      snum    tinyint
```

```
    )
```

【实验 2-5】 在 JXGL 数据库中，创建成绩信息表 SC，SC 的结构及数据类型见下表所示，为 grade 列设置检查约束，要求成绩 0≤grade≤100。

SC 表

列名称	数据类型	宽度	允许空值	主键	说　　明
sno	char	10	否		学号
cno	char	10	否		课程号
grade	tinyint		否		成绩
time	char	10	否		选课学期
主键(sno,cno)					

```
CREATE TABLE  SC
    ( sno   char(10),
      cno  char(10),
      grade  tinyint  check (grade>=0  AND  grade<=100),
      time    char(10),
  PRIMARY  KEY(sno,cno))
```

【实验 2-6】 在 JXGL 数据库中，创建成绩表 SC，结构及数据类型如上表所示，请指定 SC 表中的外键参照约束关系。

```
USE  JXGL
GO
/* 如果存在同名的表，则删除之 */
IF  EXISTS (SELECT  NAME  FROM  SYSOBJECTS
    WHERE  NAME='SC')
    DROP  TABLE  SC
    GO
CREATE  TABLE  SC
      ( sno   char(10),
        cno  char(10),
        grade  tinyint,
        time    char(10),
        PRIMARY  KEY (sno,cno),
        FOREIGN  KEY(sno)  REFERENCES S(sno),
        FOREIGN  KEY(cno)  REFERENCES C(cno))
```

【实验 2-7】 将表 DEPT 的 dname 字段的长度先改为 10，再改回 20。

```
USE  JXGL
ALTER  TABLE  DEPT
ALTER COLUMN  dname  char(10)  NOT NULL
```

```
ALTER  TABLE  DEPT
ALTER  COLUMN  dname  char(20)  NOT NULL
```

【实验 2-8】 将表 DEPT 增加两个字段：adderss、tel。

```
USE  JXGL
GO
ALTER TABLE  DEPT
ADD  adderss  varchar(10),  tel  char(20)
```

【实验 2-9】 将表 DEPT 的新增加的两个字段 adderss,tel 删除。

```
USE  JWGL
GO
ALTER TABLE DEPT
DROP  COLUMN  adderss, tel
```

【实验 2-10】 将表 S 重命名为 STUDENT。

```
SP_RENAME  S ,  STUDENT
```

【实验 2-11】 删除表 STUDENT。

```
DROP  TABLE  STUDENT
```

【实验 2-12】 向 JXGL 数据库的 S 表中插入一行数据(115043101,李平,女,1992.11,北京新外大街 88 号,2011.09,04)。

```
USE  JXGL
GO
INSERT  INTO  S (sno,sname,sex,birth,homadd,endate,dno)
VALUES ('115043101','李平','女','1992-11','北京新外大街 88 号','2011-09','04')
```

【实验 2-13】 将实验 2-12 中学号为 115043101 学生的姓名改为“李萍”。

```
USE  JXGL
GO
UPDATE  TEACHER
SET  sname='李萍'
WHERE  sno='115043101'
```

【实验 2-14】 将 S 表中学号为 115043101 的学生信息删除掉。

```
USE  JXGL
GO
DELETE  FROM  S
WHERE  sno='115043101'
```

5. 实验作业

(1) 在实验一完成的 JXGL 数据库中,用 SQL 语句创建 5 张表,表的结构及数据类型见实验指导编写说明；

(2) 基于 JXGL 数据库及其表，用 SQL 语言完成以下各项操作：

- 给 DEPT 表增加一列办公电话，列名称为 tel，数据类型为 char(10)；
- 为系表 DEPT 的 tel 列，添加一个 CHECK 约束，要求前五位'58412'，约束名为 TELCHECK；
- 为 BOOK 表的 bpc(出版社)列增加缺省约束，约束名为 PBCDEF，缺省值为清华大学出版社；
- 删除 DEPT 表中的 CHECK 约束；
- 删除 BOOK 表中的缺省约束；
- 删除 DEPT 表中新增加的列 tel。

(3) 基于 JXGL 数据库及其表，用 SQL 语言完成以下各项操作。

- 向 BOOK 表中插入一行数据，图书信息为：(b001，数据库系统概论，王珊，高等教育出版社，33.8)；
- 向 C 表中插入一行数据，课程信息为：(cno：c010，cname：数据库原理，credit：4，cpno：NULL，tperiod：64，bno：b001)；
- 将 DEPT 表中 dname 为"灾害信息工程系"的 dnum(系学生人数)更新为 55；
- 在 S 表中删除所有 endate 在 2009 年以前的学生信息；
- 在 BOOK 表中删除未曾被选用过教材的图书信息。

6. 实验总结

(1) 实验内容的完成情况；

(2) 对重点实验结果进行分析；

(3) 出现的问题；

(4) 解决方案(列出遇到的问题和解决方法，列出没有解决的问题)；

(5) 收获和体会。

实验 3　数据库的基本查询

1. 实验目的

(1) 掌握各种查询方法，包括单表单条件查询和单表多条件查询；

(2) 掌握 SELECT 的基本语法和查询条件的表示方法；

(3) 掌握聚合函数的使用；

(4) 掌握 WHERE 子句、ORDER BY 子句、GROUP BY 子句和 HAVING 短语的作用和使用方法。

2. 实验类型

验证型、设计型。

3．相关知识

对数据库进行查询是数据库中最常用的，也是最重要的操作，通过在 SQL 语句中构造不同的查询条件，能够从数据库中查询用户所需的数据。合适的条件查询能够提高查询效率，并且保证数据的正确性。

(1) SELECT 语句的基本语法。

```
SELECT  [ALL|DISTINCT] column_list
[INTO  new_table_name]
FROM  table_list
[WHERE   search_condition]
[GROUP BY   group_by_list]
[HAVING   search_condition]
[ORDER BY   order_list [ASC | DESC] ]
```

SELECT 语句中各子句的说明：

- SELECT：此关键字用于从数据库中检索数据。
- ALL|DISTINCT：ALL 指定在结果集中可以包含重复行，ALL 是默认设置；关键字 DISTINCT 指定 SELECT 语句的检索结果不包含重复的行。
- column_list：描述进入结果集的列，它是由逗号分隔的表达式的列表。每个列表中表达式通常是对从中获取数据的源表或视图的列的引用，但也可以是常量或 Transact-SQL 函数。如果 select_list 使用 *，表明指定返回源表中的所有列。
- INTO new_table_name：指定查询到的结果集存放到一个新表中，new_table_name 为指定新表的名称。
- FROM table_list：用于指定产生检索结果集的源表的列表。这些源表包括：SQL Server 的本地服务器中的基表、本地 SQL Server 中的视图、链接表。
- WHERE search_condition：用于指定检索的条件，它定义了源表中的行数据进入结果集所要满足的条件，只有满足条件的行才能出现在结果集中。
- GROUP BY group_by_list：GROUP BY 子句根据 group_by_list 列中的值将结果集分成组。
- HAVING search_condition：HAVING 子句是应用于结果集的附加筛选。从逻辑上讲，HAVING 子句从中间结果集对行进行筛选，这些中间结果集是用 SELECT 语句中的 FROM、WHERE 或 GROUP BY 子句创建的。HAVING 子句通常与 GROUPBY 子句一起使用。
- ORDER BY order_list [ASC | DESC]：ORDER BY 子句定义结果集中的行排列的顺序。order_list 指定依据哪些列来进行排序。ASC(升序)和(DESC)降序关键字用于指定结果集是按升序还是按降序排序。

在使用 SELECT **语句时应注意如下几点：**

- 必须按照正确的顺序指定 SELECT 语句中的子句；
- 对数据库对象的每个引用必须具有唯一性；

- 在执行 SELECT 语句时,对象所驻留的数据库不一定总是当前数据库。若要确保总是使用正确的对象,则不论当前数据库是如何设置的,均应使用数据库和所有者来限定对象名称;
- 在 FROM 子句中所指定的表或视图可能有相同的列名,外键很可能和相关主键同名。加上对象名称来限定列名可解决重复列名称的问题,如 S. Sno、SC. Sno。

(2) 基本的 SQL 函数如下表所示。

函　　数	功　　能
AVG(<数值表达式>)	求与字段相关的数值表达式的平均值
SUM(<数值表达式>)	求与字段相关的数值表达式的平均值
MIN(<字段表达式>)	求字段表达式的最小值
MAX(<字段表达式>)	求字段表达式的最大值
COUNT(<*|字段>)	求记录行数(*),或求不是 NULL 的字段的行数

如果指定 DISTINCT 短语,表示计算时取消指定列中的重复值。

4. 实验内容及指导

【实验 3-1】 查询全体学生的学号、姓名、性别和家庭住址。

```
USE  JXGL
GO
SELECT sno, sname, sex, homadd  FROM  S
```

【实验 3-2】 查询选修了课程的学生学号。

```
USE JXGL
GO
SELECT  DISTINCT sno
FROM SC
```

【实验 3-3】 查询全体学生的学号,姓名和年龄,并将查询结果生成新表 STUDENT。

```
USE  JXGL
GO
SELECT  sno,  sname,  DATEDIFF (yy,birth,GETDATE())  age
INTO  STUDENT
FROM  S
```

【实验 3-4】 查询学生的学号,姓名,入学时间,显示时使用别名"学号"、"姓名"和"入学时间"。

```
USE  JXGL
GO
```

```
SELECT  sno 学号, sname  姓名, endate 入学时间  FROM  S
```

或者

```
USE  JXGL
GO
SELECT sno AS 学号, sname AS 姓名, endate  AS 入学时间  FROM  S
```

【实验 3-5】 查询年龄大于 20 岁的学生的学号和姓名。

```
USE  JXGL
GO
SELECT  sno, sname
FROM  S
WHERE  YEAR(GETDATE())-YEAR(birth)>=20
```

【实验 3-6】 查询考试成绩在 70 分与 80 分之间的学号、课程号和成绩。

```
   USE  JXGL
   GO
SELECT  sno, cno, grade
FROM  SC
WHERE grade BETWEEN 70 AND 80
```

【实验 3-7】 查询考试成绩不在 60 分与 100 分之间的学号、课程号和成绩。

```
USE  JXGL
GO
SELECT  sno, cno, grade
FROM  SC
WHERE  GRADE  NOT  BETWEEN  60  AND 100
```

【实验 3-8】 查询入学年份为 2009-09,2008-09 的学生信息。

```
USE  JXGL
GO
SELECT  *  FROM  S
WHERE  endate  IN ('2009-09', '2008-09 ')
```

【实验 3-9】 查询不是 01 系、02 系和 04 系的学生信息。

```
USE  JXGL
GO
SELECT  * FROM  S
WHERE  dno  NOT  IN ('01', '02 ','04')
```

【实验 3-10】 查询所有姓“张”的学生信息。

```
USE  JXGL
GO
```

```
SELECT  *  FROM S
WHERE sname LIKE '张%'
```

【实验 3-11】 查询姓名长度至少是两个汉字,且倒数第二个汉字是“熙”的学生信息。

```
USE JXGL
GO
SELECT  *  FROM S
WHERE sname LIKE '%熙_'
```

【实验 3-12】 查询名字的第二个字是“平”或“萍”的所有同学的信息。

```
USE JXGL
GO
SELECT  *  FROM S
WHERE sname LIKE '_[平,萍]%'
```

【实验 3-13】 查询李平[大](S 表中有两个学生“李平”同名同姓,分别以李平[大]、李平[小]加以区分)同学的信息。

```
USE JXGL
GO
SELECT * FROM S
WHERE sname LIKE '李平 a[大 a]' ESCAPE 'a'
```

【实验 3-14】 查询选修课程 C001 或 C005,成绩在 85 至 100 之间,9 位学号前 7 位是 1150431 的学生的选课信息。

```
USE JXGL
GO
SELECT * FROM SC
WHERE cno IN('C001','C005') AND grade BETWEEN 85 AND 100
AND sno LIKE '1150431__'
```

【实验 3-15】 查询 S 表的前 5 条记录。

```
USE JXGL
GO
SELECT TOP 5 * FROM S
```

【实验 3-16】 查询 S 表的前 20%的记录。

```
USE JXGL
GO
SELECT TOP 20 PERCENT *  FROM S
```

【实验 3-17】 查询 SC 表中学号为 115043101,成绩排前 3 的课程选课记录。

```
USE JXGL
```

```
GO
SELECT  TOP  5  *  FROM  SC
WHERE  sno='115043101'
ORDER  BY  grade  DESC
```

【实验 3-18】 查询没有分配系别的学生信息。

```
USE  JXGL
GO
SELECT * FROM S
WHERE dno IS NULL
```

【实验 3-19】 查询选修课程的学生人数。

```
USE  JXGL
GO
SELECT  COUNT(DISTINCT sno) 选课人数  FROM  SC
```

【实验 3-20】 查询每门课程的平均分,最高分,最低分。

```
USE  JXGL
GO
SELECT cno, AVG(grade) 平均分, MAX(grade) 平均分, MIN(grade) 平均分
FROM  SC
GROUP  BY  cno
```

【实验 3-21】 查询选课人数不足 10 人的课程及其相应的选课人数。

```
USE  JXGL
GO
SELECT cno, COUNT(sno) 选课人数
FROM  SC
GROUP  BY  cno
HAVING  COUNT(sno)<10
```

【实验 3-22】 将各门课考试成绩大于等于 60 分的同学按照学号分组求出平均分,显示平均分大于 80 分的学生的学号和平均分。

```
USE  JXGL
GO
SELECT sno, AVG(grade) 平均分
FROM  SC
WHERE  grade>60
GROUP BY sno HAVING AVG(grade)>80
```

5. 实验作业

基于 JXGL 中数据表,执行以下查询操作。

(1) 显示所有年龄不到 20 岁的所有男生信息；

(2) 查询书名中含有“数据库”的图书信息；

(3) 查询书名中含有“DB_”的图书信息；

(4) 查询姓名以“张”或“李”开头的所有同学的信息；

(5) 查询姓名不是以“张”或“王”开头的所有同学的信息；

(6) 查询图书定价在 20 至 50 元的图书信息；

(7) 查询既不是“清华大学出版社”，也不是“高等教育出版社的”的图书信息；

(8) 查询 BOOK 表中的图书号、书名、图书价格及六折后的价格，并将六折后价格设置别名为“折后价”，将查询结果生成一个新表 NEWBOOK；

(9) 查询清华大学出版社所有的图书信息，并按照定价降序排列；

(10) 查询出版社为“清华大学出版社”和“高等教育出版社”的所有价格大于 30 元的图书信息，并按照定价升序排序；

(11) 查询 BOOK 表中清华大学出版社的图书信息，要求显示定价排前 10 的图书信息；

(12) 查询所有先修课为空值的课程编号，课程名及学分；

(13) 查询已开设的课程的课程号，并去掉重复行；

(14) 查询开设过的课程总门数；

(15) 查询每个同学选修课程的信息，输出学号，总分数，平均分，最高分和最低分；

(16) 将全部选修成绩大于等于 60 分的课程，按照课程号分组求出该课程的平均分，显示平均分大于 70 分的课程的课程号和平均分。

6. 实验总结

(1) 实验内容的完成情况；

(2) 对重点实验结果进行分析；

(3) 出现的问题；

(4) 解决方案(列出遇到的问题和解决方法，列出没有解决的问题)；

(5) 收获和体会。

实验 4 数据库的综合查询

1. 实验目的

(1) 熟悉基本的连接查询，掌握内连接、外连接、自连接查询；

(2) 掌握相关子查询的使用方法；

(3) 掌握嵌套子查询的使用方法；

(4) 学会应用集合查询。

2. 实验类型

验证型、设计型。

3. 相关知识

(1) 连接查询。

同时涉及多个表的查询称为连接查询，用来连接两个表的条件称为连接条件或连接谓词，一般格式：

- [<表名 1>.]<列名 1><比较运算符>[<表名 2>.]<列名 2>
  比较运算符：=、>、<、>=、<=、!=
- [<表名 1>.]<列名 1>BETWEEN [<表名 2>.]<列名 2>AND [<表名 3>.]<列名 3>

SQL 中连接查询的主要类型：

- 等值连接(含自然连接)。
- 非等值连接查询。
- 自身连接查询。
- 外连接查询。
- 复合条件连接查询。

(2) 嵌套查询。

如果先通过一个查询查出一个结果集，再在这个结果集中进行查询的话就是嵌套查询。嵌套查询是用一条 SELECT 语句作为另一条 SELECT 语句的一部分。外层的 SELECT 语句叫外部查询，内层的 SELECT 语句叫内部查询(或子查询)。子查询可以多层嵌套。

- 使用 IN 或 NOT IN 关键字：单值子查询是指子查询只返回一行数据。多值子查询是指子查询返回的不是一行而是一组行数据。前者可以用"="、IN 或 NOT IN 和其外部查询相联系；后者则必须使用 IN 或 NOT IN 和其外部查询相联系。
- 使用 EXISTS 或 NOT EXISTS 关键字：EXISTS 关键字用来确定数据是否在查询列表中存在。EXISTS 表示一个子查询至少返回一行时条件成立。

与使用 IN 关键字的不同：IN 连接的是表中的列，而 EXISTS 连接的是表和表，通常不需要特别指出列名，可以直接使用 *。由于 EXISTS 连接的是表，所以，子查询中必须加入表与表之间的连接条件。

嵌套查询的执行说明：

- 首先对子查询(内部查询)求值。
- 外部查询依赖于子查询的求值结果。
- 子查询必须被括在圆括号内。
- 以比较操作符引导的子查询的选择列表只能包括一个表达式或列名，否则 SQL Server 会报错。

(3) 集合查询。

把多个 SELECT 语句的结果合并为一个结果，可用集合查询来完成。集合操作主要包括并操作 UNION、交操作 INTERSECT 和差操作 MINUS。

集合查询必须遵循以下原则：所有结果集的列的数目和列的顺序必须相同；数据类

型必须兼容;作为所有的 SELECT 语句合并操作结果进行排序的 ORDER BY 子句,必须放到最后一个 SELECT 语句后面,它使用的排序列名必须是第一个 SELECT 选择列表中的列名。

4. 实验内容及指导

【实验 4-1】 查询学生学号、姓名和选修课程的成绩。

```
USE  JXGL
GO
SELECT S.sno, sname,grade
FROM S, SC
WHERE S.sno=SC.sno
```

【实验 4-2】 查询选修课程成绩在 60 分以下或 90 分以上的学生的学号、姓名、课程名、学分、选课学期和成绩。

```
USE  JXGL
GO
SELECT S.sno,sname,cname,credit,time,grade
From S,SC,C
WHERE S.sno=SC.sno AND SC.cno=C.cno AND grade NOT BETWEEN 60 AND 90
```

【实验 4-3】 查询从未被选做过教材的图书信息。

```
USE  JXGL
GO
SELECT  *  FROM  BOOK
WHERE  bno  NOT  IN
(SELECT  DISTINCT  bno
FROM  C  )
```

【实验 4-4】 查询定价高于"数据库系统概论"的所有图书的书号、书名、作者和定价。

方法一:

```
USE  JXGL
GO
SELECT SECOND.bno, SECOND.bname, SECOND.author, SECOND price
FROM  BOOK FIRST, BOOK SECOND
WHERE  FIRST.bname='数据库系统概论' AND SECOND.price>FIRST.price
```

方法二:

```
USE  JXGL
GO
SELECT bno, bname, author, price
FROM BOOK
```

```
WHERE price>  (SELECT price  FROM BOOK  WHERE bname='数据库系统概论')
```

【实验 4-5】 查询定价与“数据库系统概论”相同的所有图书的书号、书名、作者。

```
USE  JXGL
GO
SELECT bno, bname, author
FROM  BOOK
WHERE price=
(SELECT price FROM BOOK
WHERE bname='数据库系统概论')
AND bname<>'数据库系统概论'
```

【实验 4-6】 查询选修了课程名为“数据库原理”的学生的学号、姓名和所住系名，对各列分别重命名“学号”、“姓名”、“系名”。

方法一：

```
USE  JXGL
GO
SELECT S.sno 学号,sname 姓名,dname 系名
FROM S, SC, C,DEPT
WHERE S.sno=SC.sno AND SC.cno=C.cno AND
DEPT.dno=S.dno AND cname='数据库原理'
```

方法二：

```
USE  JXGL
GO
SELECT S.sno 学号,sname 姓名,dname 系名 FROM S ,DEPT
WHERE S.dno=DEPT.dno AND sno IN (SELECT sno FROM SC WHERE cno=
(SELECT cno FROM C
WHERE  cname='数据库原理'))
```

【实验 4-7】 查询比“清华大学出版社”出版的图书中某一图书定价高的书号、书名、作者和出版社。

```
USE  JXGL
GO
SELECT bno 图书号,bname 书名, author 作者, pbc 出版社
FROM BOOK
WHERE price>
ANY (SELECT price
FROM BOOK WHERE pbc='清华大学出版社')
AND pbc<>'清华大学出版社'
```

【实验 4-8】 查询比“清华大学出版社”出版的所有图书的定价都高的书号、书名、作者和出版社。

```
USE  JXGL
GO
SELECT  bno 图书号,bname 书名, author 作者, pbc 出版社
FROM BOOK
WHERE price>ALL
(SELECT price FROM BOOK
WHERE pbc='清华大学出版社')
AND pbc<>'清华大学出版社'
```

思考：实验 4-7、实验 4-8 的其他查询方法。

【实验 4-9】 查询选修课程的学生中，最低分在 60 分以上的学生学号、姓名、选课门数和平均分。

```
USE  JXGL
GO
SELECT S.sno 学号,sname 姓名,COUNT(cno) 选课门数, AVG(grade) 平均分
FROM  S,SC
WHERE SC.cno=S.sno
GROUP BY S.sno, sname
HAVING MIN(grade)>=60
```

【实验 4-10】 查询没有选修"C001"课程的学生姓名。

```
USE  JXGL
GO
SELECT  sname
   FROM  S  WHERE NOT EXISTS
     (SELECT * FROM SC
       WHERE  Sno=S.Sno  AND  Cno='C001')
```

【实验 4-11】 查询选修了全部课程的学生姓名。

```
USE  JXGL
GO
SELECT  sname FROM STUDENT
   WHERE  NOT EXISTS
       ( SELECT  *
         FROM  C
         WHERE  NOT  EXISTS
            ( SELECT  *
              FROM  SC
              WHERE  Sno=S.Sno
                 AND  Cno=C.Cno))
```

【实验 4-12】 查询至少选修了学生 115043101 选修的全部课程的学生号码。

```
USE  JXGL
```

```
GO
SELECT  DISTINCT  sno
    FROM  SC  SCX
    WHERE  NOT  EXISTS
    (SELECT   *
    FROM  SC  SCY
    WHERE  SCY.sno='115043101'AND
        NOT  EXISTS
           ( SELECT   *
             FROM  SC  SCZ
             WHERE SCZ.sno=SCX.sno AND SCZ.cno=SCY.cno))
```

【实验 4-13】 查询清华大学出版社出版的书名中含有“数据库”三个字的图书,或者高等教育出版社出版的书名中含有“数据库”三个字的图书的信息。

```
USE  JXGL
GO
SELECT  *
FROM  BOOK
WHERE  pbc='清华大学出版社'AND  sname  LIKE  '%数据库%'
UNION
SELECT  *
FROM  BOOK
WHERE   pbc='高等教育出版社'AND  sname  LIKE  '%数据库%'
```

【实验 4-14】 查询使用了高等教育出版社出版的书名中含有“数据库”三个字的图书作为教材,但没有使用过清华大学出版社出版的书名中含有“数据库”三个字的图书作为教材的课程名、书名。

```
USE  JXGL
GO
SELECT  cname, bname
FROM  C ,BOOK
WHERE  C.bno=BOOK.bno
AND pbc='高等教育出版社' AND bname LIKE '%数据库%'
MINUS
SELECT  cname, bname
FROM  C ,BOOK WHERE  C.bno=BOOK.bno
AND pbc='清华大学出版社'AND sname LIKE '%数据库%'
```

【实验 4-15】 查询与“数据库系统概论”相同出版社且定价相同的书号和书名。

方法一:

```
USE  JXGL
GO
SELECT bno, bname FROM BOOK WHERE pbc=(SELECT pbc FROM BOOK
    WHERE bname='数据库系统概论')  AND price=
```

```
(SELECT price FROM BOOK WHERE bname='数据库系统概论')
AND bname<>'数据库系统概论'
```

方法二：

```
USE  JXGL
GO
SELECT bno, bname FROM BOOK
WHERE  pbc=(SELECT pbc FROM BOOK WHERE bname='数据库系统概论')
INTERSECT
    SELECT bno, bname FROM BOOK
WHERE  price=(SELECT price FROM BOOK WHERE bname='数据库系统概论')
AND bname<>'数据库系统概论'
```

5. 实验作业

(1) 查询灾害信息工程系的学生数据并保存到 ZHXX 表中；
(2) 查询选修了课程号为“C001”的所有学生的学号、姓名、所在系名称；
(3) 查询各系的女生人数，并分别对列重命名为“系名”和“女生人数”；
(4) 查询每门课程的课程号、课程名、最高分、最低分和平均分；
(5) 查询每门课程成绩都在 90 分以上学生的学号、姓名和所在系名称；
(6) 查询选修“C001”课程的学生中，成绩比全校该门课程平均成绩高的学生人数；
(7) 查询各系的学生人数、开设课程门数，要求输出系名、学生人数和课程门数；
(8) 查询比“机械工业出版社”出版的所有图书的定价都高的书号、书名和出版社；
(9) 查询没有使用“数据库系统概论”作为教材的课程名称；
(10) 查询所有没有选修课程的学生学号和姓名；
(11) 查询选修了课程“C001”或者选修了课程“C005”的学生学号及姓名；
(12) 查询与“数据库系统概论”出版社相同且作者相同的图书信息；
(13) 查询选修了课程“C001”但没有选修课程“C005”的学生学号及姓名。

6. 实验总结

(1) 实验内容的完成情况；
(2) 对重点实验结果进行分析；
(3) 出现的问题；
(4) 解决方案(列出遇到的问题和解决方法，列出没有解决的问题)；
(5) 收获和体会。

实验 5　视图的创建及应用

1. 实验目的

(1) 掌握使用 T-SQL 语言创建、修改视图；

(2) 掌握使用 T-SQL 语句删除、重命名视图；

(3) 掌握使用 T-SQL 语句，通过视图对基本表进行数据操作；

(4) 掌握使用界面操作的方式创建、修改、删除和重命名视图，以及通过视图对基本表进行数据操作的方法。

2. 实验类型

验证型、设计型。

3. 相关知识

视图是一种数据库对象，是关系数据库系统提供给用户以多种角度观察数据库中数据的重要机制。视图是从一个或者多个数据表或视图中导出的虚表，视图的结构和数据是对数据表进行查询的结果。

(1) 使用 T-SQL 语句创建视图的语法格式：

```
CREATE  VIEW  [<owner>.] view_name [ (column_name [ ,...n ]) ]
[WITH  ENCRYPTION]
   AS
select_statement
FROM   table_name   WHERE   search_condition
[WITH  CHECK  OPTION]
```

其中：

- view_name：为新创建的视图指定的名字，视图名称必须符合标识符规则。
- column_name：在视图中包含的列名，也可以在 SELECT 语句中指定列名。
- table_name：视图基表的名字。
- select_statement：选择哪些列进入视图的 SELECT 语句。
- WHERE search_condition：基表数据进入视图所应满足的条件。
- WITH CHECK OPTION：迫使通过视图执行的所有数据修改语句必须符合视图定义中设置的条件。
- WITH ENCRYPTION：对视图的定义进行加密。

创建视图时的注意事项：

- 在 CREATE VIEW 语句中，不能包括 ORDER BY、COMPUTE 或者 COMPUTE BY 子句，也不能出现 INTO 关键字。
- 创建视图所参考基表的列数最多为 1024 列。
- 创建视图不能参考临时表。
- 在一个批处理语句中，CREATE VIEW 语句不能和其他 T-SQL 语句混合使用。
- 尽量避免使用外连接创建视图。

(2) 使用 T-SQL 语句管理视图。

- 使用系统存储过程查看视图信息。

- ◆ SP_HELP：数据库对象名称。
- ◆ SP_HELPTEXT：视图(触发器、存储过程)。
- ◆ SP_DEPENDS：数据库对象名称。

- 用 DROP VIEW 语句删除视图。

```
DROP VIEW view_name1,view_name2,…
```

- 使用系统存储过程重命名视图

```
SP_RENAME  old_view_name,new_view_name
```

(3) 使用 T-SQL 语句修改视图：

```
ALTER  VIEW  view_name
[(column[,...n])]
[WITH  ENCRYPTION]
   AS
select_statement     [ WITH  CHECK  OPTION ]
```

其中：

- view_name：被修改的视图的名字。
- column_name：在视图中包含的列名。
- WITH CHECK OPTION：迫使通过视图进行数据修改的所有语句必须符合视图定义中设置的条件。
- table_name：视图基表的名字。
- WITH ENCRYPTION：对包含创建视图的 SQL 脚本进行加密。

(4) 使用 T-SQL 语句对视图数据的查询、插入、修改与删除。

用 T-SQL 语句对视图数据的查询、插入、修改与删除的语法格式和对表中数据的查询、插入、修改与删除的操作几乎一样。

修改视图数据的限制：

- 无论是视图的创建、修改、删除还是视图数据的查询、插入、更新、删除都必须由具有权限的用户进行。
- 对由多个表连接成的视图修改数据时，不能同时影响一个以上的基础表，也不允许删除视图中的数据。
- 对视图上的某些列不能进行修改。这些列是：计算值、内置函数和行集合函数。
- 对具有 NOT NULL 的列进行修改时可能会出错。在通过视图修改或插入数据时，必须保证未显示的具有 NOT NULL 属性的列有值，可以是缺省、IDENTITY 等，否则不能向视图中插入数据行。
- 如果某些列因为规则或者约束的限制而不能接受从视图插入数据的时候，则插入数据可能会失败。
- 删除基础表并不删除视图。建议采用与表明显不同的名字命名视图。

4. 实验内容及指导

【实验 5-1】 基于 BOOK 表创建一个视图 BOOKVIEW1，输出 bno、bname、bpc、author，然后通过视图查询图书信息。

```
USE  JXGL
GO
CREATE VIEW BOOKVIEW1
AS SELECT bno,bname,bpc,author
FROM BOOK
GO
SELECT * FROM  BOOKVIEW1
```

【实验 5-2】 基于 BOOK 表创建一个出版社为"清华大学出版社"的视图 BOOKVIEW2，输出 bno、bname、author、price，然后通过视图查询图书信息。

```
USE  JXGL
GO
CREATE VIEW  BOOKVIEW2 AS  SELECT  bno, bname, author,price
FROM  BOOK  WHERE  pbc='清华大学出版社'
GO
SELECT * FROM BOOKVIEW2
```

【实验 5-3】 基于 BOOK 表创建一个清华大学出版社出版，图书定价排在前五名的视图 BOOKVIEW3，输出 bno、bname、author，然后通过视图查询图书信息。

```
USE  JXGL
GO
CREATE VIEW BOOKVIEW3
AS SELECT TOP 5 bno,bname,author
FROM  BOOK WHERE pbc='清华大学出版社'
ORDER BY price DESC
GO
SELECT *  FROM  BOOKVIEW3
```

【实验 5-4】 基于 BOOK 表创建一个显示出版社、图书平均定价及图书种类数的视图 BOOKVIEW4，输出"出版社"、"平均定价"、"图书种类数"，然后通过视图查询"清华大学出版社"的数据信息。

```
USE  JXGL
GO
CREATE  VIEW  BOOKVIEW4
AS SELECT pbc 出版社, AVG(price) 平均定价, COUNT(bno) 图书种类数
FROM  BOOK  GROUP BY pbc
GO
SELECT  *  FROM  BOOKVIEW4  WHERE 出版社='清华大学出版社'
```

【实验 5-5】 建立所有正在被选作为教材的图书信息的视图 BOOKVIEW5,输出“课程号”、“课程名”、“学分”,“书名”、“作者”和“出版社”。

```
USE  JXGL
GO
CREATE  VIEW  BOOKVIEW5  AS SELECT  cno 课程号, cname 课程名,
credit 学分,bname 书名,author 作者, pbc 出版社
FROM  BOOK,C  WHERE  BOOK.bno=C.bno
```

【实验 5-6】 基于实验 5-5 创建视图 BOOKVIEW6,输出“课程名”和“书名”,并通过该视图查看课程教材选用信息。

```
USE  JXGL
GO
CREATE  VIEW  BOOKVIEW6  AS SELECT 课程名, 书名
FROM  BOOKVIEW5
GO
SELECT  *  FROM  BOOKVIEW6
```

【实验 5-7】 基于实验 5-5 创建的视图 BOOKVIEW5 进行修改,输出“课程名”、“书名”和“出版社”,并对视图加密。

```
USE  JXGL
GO
ALTER  VIEW  BOOKVIEW5  WITH  ENCRYPTION
AS  SELECT  cname 课程名,  bname 书名,  pbc 出版社
FROM  BOOK,C  WHERE  BOOK.bno=C.bno
```

【实验 5-8】 查看视图 BOOKVIEW5 的定义。

```
USE  JXGL
GO
SP_HELPTEXT  BOOKVIEW5
```

【实验 5-9】 将视图 BOOKVIEW5 重新命名为 BVIEW5。

```
USE  JXGL
GO
SP_RENAME  'BOOKVIEW5',  'BVIEW5'
```

【实验 5-10】 基于实验 5-8,将视图 BVIEW5 删除。

```
USE  JXGL
GO
DROP VIEW  BVIEW5
```

【实验 5-11】 通过实验 5-1 创建的视图 BOOKVIEW1,向 BOOK 表插入一行数据信息('b101','数据库系统','高等教育出版社','丁宝康')。

```
USE  JXGL
GO
INSERT INTO BOOKVIEW1(bno,bname,bpc,author)
VALUES ('b101','数据库系统','高等教育出版社','丁宝康')
```

注：当视图只输出基本表的部分列时，通过视图插入数据可能会遇到问题：视图没有显示的列可能没有设置 NULL 特性，也没有设置缺省值，而通过视图无法对没有出现的列向基表插入数据，因而会导致数据插入失败；如果视图没有显示的列设置了 NULL 特性或设置了默认值，则可以通过视图向基表成功插入数据，如实验 5-11。

【实验 5-12】 通过实验 5-2 创建的视图 BOOKVIEW2，把清华大学出版社的图书定价更新为原定价的八折，然后通过视图查询图书信息。

```
USE  JXGL
GO
UPDATE  BOOKVIEW2
SET  price=0.8*price
GO
SELECT  *
FROM  BOOKVIEW2
```

【实验 5-13】 通过实验 5-1 创建的视图 BOOKVIEW1，把所有高等教育出版社的图书信息删除。

```
USE  JXGL
GO
DELETE  FROM  BOOKVIEW1  WHERE  bpc='高等教育出版社'
GO
SELECT  *  FROM  BOOKVIEW1
```

5. 实验作业

(1) 基于 S 表创建一个名为 SVIEW1 的视图，输出 sno、sname、sex、birth、homadd，然后通过该视图查询学生信息；

(2) 基于 S 表创建一个男同学的名为 SVIEW2 的视图，输出 sno、sname、homadd，然后通过该视图查询男生信息；

(3) 基于 DEPT 表创建一个学生人数排在前五名的视图 DEPTVIEW1，输出 dno、dname、dheader，然后通过视图查询系信息数据；

(4) 基于 S 和 SC 表创建一个按系别分组显示，选修课程考试平均成绩的视图 SVIEW3，输出"系号"、"平均成绩"，然后通过视图查询 04 系的数据信息；

(5) 基于 S、C 和 SC 创建一个联合视图 SVIEW4，要求输出"学号"、"姓名"、"课程名"、"学分"、"总学时"、"成绩"和"选修学期"；

(6) 基于(5)中的视图 SVIEW4 创建视图 SVIEW5，要求输出"姓名"、"课程名"和"成绩"；并通过视图 SVIEW5 查询"数据库原理"课程的选修信息；

(7) 基于(5)中创建的视图 SVIEW4 进行修改,要求输出“姓名”、“课程名”和“成绩”;并对该视图进行加密;

(8) 查看视图的定义;

(9) 将视图 SVIEW5 重新命名为 STUVIEW5;

(10) 将视图 STUVIEW5 删除;

(11) 通过(1)中创建的名为 SVIEW1 的视图,向 S 表中插入数据('15043102','兰一飞','男','1993-11','北京市通州区焦王庄');

(12) 通过 SVIEW1 将(10)中插入的学号为 115043102 的学生姓名更新为“兰飞”;

(13) 通过(1)中创建的名为 SVIEW1 的视图,删除所有男同学的信息。

6. 实验总结

(1) 实验内容的完成情况;

(2) 对重点实验结果进行分析;

(3) 出现的问题;

(4) 解决方案(列出遇到的问题和解决方法,列出没有解决的问题);

(5) 收获和体会。

实验 6　索引的创建及应用

1. 实验目的

(1) 理解索引的概念和索引的作用;

(2) 理解聚簇索引和非聚簇索引;

(3) 熟练掌握使用 T-SQL 语言创建、修改、重命名、删除索引;

(4) 掌握使用界面操作方式创建、修改、重命名、删除索引。

2. 实验类型

验证型、设计型。

3. 相关知识

索引是为了加速对表中数据行的检索而创建的一种分散的存储结构。索引是针对一个表而建立的,它是由数据页面以外的索引页面组成的。

(1) 使用 T-SQL 语句创建索引。

```
CREATE [UNIQUE] [CLUSTERED | NONCLUSTERED] INDEX index_name
ON table_name(column_name  [ ASC | DESC ] [ ,...n ])
[WITH
[PAD_INDEX]
```

```
[[] FILLFACTOR=fillfactor]
[[] DROP_EXISTING]
]
```

其中：

- UNIQUE：指定创建的索引是唯一索引。如果不使用这个关键字，创建的索引就不是唯一索引。
- CLUSTERED | NONCLUSTERED：指定被创建索引的类型。使用 CLUSTERED 创建的是聚簇索引；使用 NONCLUSTERED 创建的是非聚簇索引。这两个关键字中只能选其中的一个。
- index_name：为新创建的索引指定的名字。
- table_name：创建索引的基表的名字。
- column_name：索引中包含的列的名字。
- ASC|DESC：确定某个具体的索引列是升序还是降序排序。默认设置为 ASC 升序。
- PAD_INDEX 和 FILLFACTOR：填充因子，它指定 SQL Server 创建索引的过程中，各索引页的填满程度。
- DROP_EXISTING：删除先前存在的、与创建索引同名的聚簇索引或非聚簇索引。

创建索引时的考虑因素：

- 当在一个表上创建 PRIMARY KEY 约束或 UNIQUE 约束时，SQL Server 自动创建唯一性索引。不能在已经创建 PRIMARY KEY 约束或 UNIQUE 约束的列上创建索引。定义 PRIMARY KEY 约束或 UNIQUE 约束与创建标准索引相比应是首选的方法。
- 必须是表的拥有者才能创建索引。
- 在一个列上创建索引之前，确定该列是否已经存在索引。
- 也可以在视图上创建索引，但创建视图时必须带参数 SCHEMABINDING。在视图上创建索引的创建方法参见 SQL Server 随机帮助。

考虑建索引的列：

- 主键：通常，检索、存取表是通过主键来进行的。因此，应该考虑在主键上建立索引。
- 连接中频繁使用的列：用于连接的列若按顺序存放，系统可以很快地执行连接。如外键，除用于实现参照完整性外，还经常用于进行表的连接。
- 在某一范围内频繁搜索的列和按排序顺序频繁检索列。

不考虑建索引的列：

- 很少或从来不在查询中引用的列。
- 只有两个或很少几个值的列（如性别），以这样的列创建索引并不能得到建立索引的好处。
- 以 bit、text、image 数据类型定义的列。

• 数据行数很少的小表一般也没有必要创建索引。

(2) 使用 T-SQL 语句管理索引。

查看索引：SP_HELPINDEX 或 SP_HELP。

重命名索引：SP_ RENAME　'table. oldindex', 'newindex'。

删除索引：DROP　INDEX　table. index[,…n]。

(3) 索引的分类。

• **聚簇索引**(CLUSTERED INDEX)：数据表的物理顺序和索引表的顺序相同，它根据表中的一列或多列值的组合排列记录。

  创建聚簇索引的注意事项：
  ♦ 每张表只能有一个聚簇索引。
  ♦ 由于聚簇索引改变表的物理顺序，所以应先建聚簇索引，后创建非聚簇索引。
  ♦ 创建索引所需的空间来自用户数据库，而不是 TEMPDB 数据库。
  ♦ 主键是聚簇索引的良好候选者。

• **非聚簇索引**(NONCLUSTERED INDEX)：数据表的物理顺序和索引表的顺序不相同，索引表仅仅包含指向数据表的指针，这些指针本身是有序的，用于在表中快速定位数据。

  创建非聚簇索引的注意事项：
  ♦ 创建非聚簇索引实际上是创建一个表的逻辑顺序的对象。
  ♦ 索引包含指向数据页上的行的指针。
  ♦ 一张表可创建多达 249 个非聚簇索引。
  ♦ 创建索引时，缺省为非聚簇索引。

4. 实验内容及指导

【实验 6-1】 在 BOOK 表 bno 列上创建一个唯一聚簇索引，索引按列顺序为降序。填充因子 50%。

```
USE  JXGL
GO
IF EXISTS (SELECT NAME FROM SYS.INDEXES  WHERE NAME='BNO_INDEX')
DROP  INDEX  BNO_INDEX  ON  BOOK
GO
CREATE UNIQUE CLUSTERED INDEX BNO_INDEX
ON BOOK(bno DESC)
WITH  FILLFACTOR=50
```

注：首先把 BOOK 表 bno 上的主键删除，每个表上只能有一个聚簇索引。

【实验 6-2】 在 BOOK 表 bname 列上创建唯一非聚簇索引，索引按列顺序为升序。

```
USE  JXGL
GO
CREATE UNIQUE NONCLUSTERED INDEX BNAME_INDEX
```

```
ON BOOK(bname ASC)
```

【实验 6-3】 在 SC 表上创建一个名为 SC_INDEX 的非聚簇复合索引，索引关键字为 sno,cno,升序，填充因子 50%。

```
USE  JXGL
GO
CREATE  NONCLUSTERED  INDEX  SC_INDEX
ON  SC(sno ASC , cno ASC)
WITH  FILLFACTOR=50
```

【实验 6-4】 用系统存储过程 SP_HELPINDEX 查看表 BOOK 的索引信息。

```
USE  JXGL
GO
EXEC  SP_HELPINDEX  BOOK
```

【实验 6-5】 用系统存储过程将表 BOOK 的索引 BNO_INDEX 重新命名为 BOOK_INDEX。

```
USE  JXGL
GO
SP_RENAME  'BOOK.BNO_INDEX', 'BOOK_INDEX'
```

注：要重命名的索引要以“表名.索引名”的形式给出。但新索引名不能给出表名。

【实验 6-6】 将表 BOOK 的索引 BOOK_INDEX 删除。

```
USE  JWGL
GO
DROP  INDEX  BOOK.BOOK_INDEX
```

注：被删除的索引要以“表名.索引名”的形式给出。

删除索引时要注意，如果索引是在 CREATE TABLE 语句中创建，只能用 ALTER TABLE 语句删除索引；如果索引是用 CREATE INDEX 创建，可用 DROP INDEX 删除。

5. 实验作业

(1) 在 S 表 sno 列上创建一个唯一聚簇索引 S_INDEX，索引按列顺序为升序；

(2) 在 DEPT 表 dname 列上创建一个唯一非聚簇索引 DEPT_INDEX，索引按列顺序为降序；

(3) 用系统存储过程 SP_HELPINDEX 查看 S 表的索引信息；

(4) 用系统存储过程将 S 表的索引 S_INDEX 重新命名为 SNO_INDEX；

(5) 将 S 表的索引 SNO_INDEX 删除。

6. 实验总结

(1) 实验内容的完成情况；

(2) 对重点实验结果进行分析；
(3) 出现的问题；
(4) 解决方案(列出遇到的问题和解决方法，列出没有解决的问题)；
(5) 收获和体会。

实验7　数据库完整性

1. 实验目的

(1) 深入理解数据库完整性的重要作用；
(2) 掌握使用 T-SQL 语言实现三种不同完整性的方法；
(3) 掌握使用界面操作方式实现三种不同完整性的方法；
(4) 掌握使用 T-SQL 语句创建、修改、删除、查看规则及默认值的方法；
(5) 理解规则与 CHECK 约束，默认值与 DEFAULT 约束的区别。

2. 实验类型

验证型、设计型。

3. 相关知识

(1) 数据库完整性。

数据完整性是指数据的正确性、完备性和一致性，是衡量数据库质量好坏的重要标准。包括实体完整性、参照完整性和用户自定义完整性三种类型。

约束是 SQL Server 提供的自动保持数据库完整性的一种方法：

- 列级约束：列级约束是行定义的一部分，只能够应用在一列上。
- 表级约束：表级约束的定义独立于列的定义，可以应用在一个表中的多列上。

六种类型的约束：

- 非空约束(NOT NULL)：表中的某些列必须存在有效值，不允许有空值出现。
- 缺省约束(DEFAULT CONSTRAINTS)：当向数据库中的表插入数据时，如果用户没有明确给出某列的值，系统自动为该列输入指定值。
- 检查约束(CHECK CONSTRAINTS)：限制插入列中的值的范围。
- 主键约束(PRIMARY KEY CONSTRAINTS)：要求主键的列上的值唯一且不能为空值。
- 唯一约束(UNIQUE CONSTRAINTS)：要求表中所有行在指定的列上没有完全相同的列值。
- 外键约束(FOREIGN KEY CONSTRAINTS)：要求正被插入或更新的列(外键)的新值，必须在被参照表(主表)的相应列(主键)中已经存在。

唯一约束和主键约束的区别：

- 唯一约束与主键约束都为指定的列建立唯一索引，即不允许唯一索引的列上有相同的值。主键约束限制更严格，不但不允许有重复值，而且也不允许有空值。
- 唯一约束与主键约束产生的索引可以是聚簇索引也可以是非聚簇索引，但在缺省情况下唯一约束产生非聚簇索引，主键约束产生聚簇索引。

使用 CREATE TABLE 语句创建约束：

```
CREATE  TABLE  table_name
(column_name  data_type
[[CONSTRAINT  constraint_name]
{PRIMARY KEY  [CLUSTERED | NONCLUSTERED]
| UNIQUE  [CLUSTERED | NONCLUSTERED]
| [FOREIGN KEY]  REFERENCES  ref_table [(ref_column)]
| DEFAULT  constant_expression
| CHECK  (logical_expression)}
] [,...n]
)
```

其中：

- table_name：创建约束所在的表的名称。
- column_name：列名。
- data_type：数据类型。
- constraint_name：约束名。

在创建、修改、实现约束时注意以下几点：

- 可以在已有的表上创建、修改、删除约束，而不必删除并重建表。
- 可以在应用程序中创建错误检查逻辑，测试是否违反约束。
- 在给表添加约束时，SQL 将验证表中已有数据是否满足正在添加的约束。

(2) 默认值。

默认值是数据库对象之一，它指定在向数据库中的表插入数据时，如果用户没有明确给出某列的值，SQL Server 自动为该列使用此默认值。

创建默认值的语法：

```
CREATE  DEFAULT  default_name  AS  constant_expression
```

其中：

- default_name：新建默认值的名称，必须遵循 SQL Server 标识符的命名规则。
- constant_expression：默认值 default_name 的值，是一个常数表达式，在这个表达式中不能含有任何列名或其他数据库对象名，但可使用不涉及数据库对象的 SQL Server 内部函数。

在创建默认值时，应考虑以下几点：

- 默认值需和它要绑定的列或用户定义数据类型具有相同的数据类型。
- 默认值需符合该列的所有规则。
- 默认值缺省还需符合所有 CHECK 约束。

默认值的查看：SP_HELPTEXT　DEFAULT_NAME。

默认值的绑定：SP_BINDEFAULT　DEFAULT_NAME, 'OBJECT_NAME'。

默认值绑定的解除：SP_UNBINDEFAULT　'OBJECT_NAME'。

默认值绑定的删除：DROP　DEFAULT　DEFAULT_NAME。

(3) 规则。

规则是数据库对象之一。它指定向表的某列(或使用与该规则绑定的用户定义数据类型的所有列)插入或更新数据时,限制输入新值的取值范围。

创建规则的语法：

```
CREATE  RULE  rule_name  AS  condition_expression
```

其中：

- rule_name：创建规则的名称,应遵循 SQL Server 标识符的命名规范。
- condition_expression：指明定义规则的条件,在这个条件表达式中不能包含列名或其他数据库对象名,但它带有一个@为前缀的参数(即参数的名字必须以@为第一个字符),也称空间标志符(spaceholder)。意即这个规则被附加到这个空间标志符,它只在规则定义中引用,为数据项值在内存中保留空间,以便与规则作比较。

在创建规则时,应考虑以下几点：

- ♦ 缺省情况下,规则将检查创建和绑定规则之前输入的数据。
- ♦ 规则可以绑定到一列、多列或数据库中的用户定义数据类型。
- ♦ 规则要求一个值在一定范围内,并与特定格式相匹配。
- ♦ 在一个列上至多有一个规则起作用,如果有多个规则与一列相绑定,那么只有最后绑定到该列的规则才是有效的。

规则的查看：SP_HELPTEXT　RULE_NAME。

规则的绑定：SP_BINDRULE　RULE_NAME, OBJECT_NAME。

规则绑定的解除：SP_UNBINDRULE　OBJECT_NAME。

规则绑定的删除：DROP　RULE　RULE_NAME。

4. 实验内容及指导

【实验 7-1】 为 BOOK 表的 bpc(出版社)字段创建一个缺省约束,缺省值为清华大学出版社。

```
USE   JXGL
GO
ALTER TABLE  BOOK
ADD CONSTRAINT  DEFAULT_BPC
DEFAULT  '清华大学出版社'FOR  bpc
```

注：创建 DEFAULT 约束时应考虑：①DEFAULT 约束只能用于 INSERT 语句；②不能用于具有 IDENTITY 属性的列；③每列只能有一个 DEFAULT 约束。

【实验 7-2】 为 SC 表 grade(成绩)字段创建一个检查约束，使成绩值在 0～100 之间。

```
USE  JXGL
GO
ALTER TABLE  SC
ADD CONSTRAINT  CHECK_GRADE
CHECK  (grade>=0  AND  grade<=100)
```

注：创建 CHECK 约束时应考虑：①当向数据库中的表执行插入或更新操作时，检查插入的新列值是否满足 CHECK 约束条件；②不能在具有 IDENTITY 属性，或具有 timestamp 或 uniqueidentifier 数据类型的列上创建；③CHECK 条件不能含有子查询。

【实验 7-3】 将 BOOK 表的 bno(书号)设为主键(假如在创建表时没有设置主键约束)。

```
USE  JXGL
GO
ALTER TABLE  BOOK
ADD  CONSTRAINT  PK_BNO
PRIMARY  KEY  CLUSTERED (bno)
```

注：创建 PRIMARY KEY 约束时应考虑：①每个表只能有一个主键，并且必须有一个主键；②不允许有空值；③参照约束使用它作为维护参照完整性的参考点；④创建主键时，在创建主键的列上创建了一个唯一索引，可以是聚簇索引，也可以是非聚簇索引，默认是聚簇索引。

【实验 7-4】 为 DEPT 表的 dheader(系主任)字段创建唯一约束。

```
USE JXGL
GO
ALTER  TABLE  DEPT
ADD  CONSTRAINT  UNIQUE_DHEADER
UNIQUE  NONCLUSTERED (dheader)
```

注：创建 UNIQUE 约束时应考虑：①一个表可以放置多个 UNIQUE 约束；②允许有空值；③创建唯一索引时强制 UNIQUE 约束。

【实验 7-5】 为表 C 创建外键 bno，外键 bno 参考表 BOOK 中的主键 bno。

```
USE  JWGL
GO
ALTER  TABLE  C
ADD  CONSTRAINT  FK_BNO
FOREIGN  KEY (bno)  REFERENCES  BOOK(bno)
GO
```

注：创建 FOREIGN KEY 约束时应考虑以下因素：①它提供一列或多列数据的参照完整性；②FOREIGN KEY 约束不自动创建索引。但如果考虑数据库的多表连接，建议为外键创建一个索引，以提高连接性能；③主键与外键的数据类型和长度必须一致，或系统可转换。

【实验 7-6】 在 JXGL 中，创建一个名为 BPC_DEFAULT，值为"清华大学出版社"的默认值，并绑定到表 BOOK 的 bpc 列，然后解除这个绑定，绑定解除后将此默认值删除。

```
USE  JXGL
GO
CREATE  DEFAULT  BPC_DEFAULT  AS  '清华大学出版社'
GO
SP_BINDEFAULT  BPC_DEFAULT , 'BOOK. bpc'
GO
SP_UNBINDEFAULT   'BOOK. bpc'
DROP  DEFAULT  BPC_DEFAULT
GO
```

思考：默认值与 DEFAULT 约束有哪些异同点。

【实验 7-7】 创建一个规则 GRADE_RULE，GRADE_RULE 的值大于等于 0，小于等于 100，并绑定到表 SC 的 grade 列，然后解除这个绑定，绑定解除后将此规则删除。

```
USE JXGL
GO
CREATE  RULE  GRADE_RULE  AS  @grade>=0  AND  @grade<=100
GO
SP_BINDRULE  GRADE_RULE , 'SC. grade'
GO
SP_UNBINDRULE  'SC. grade'
GO
DROP  RULE  GRADE_RULE
```

思考：规则与 CHECK 约束有哪些异同点。

5. 实验作业

(1) 为 C 表的 credit(学分)字段创建缺省约束，缺省值为 4；

(2) 为 S 表的 sex(性别)字段创建检查约束，值是 0 或 1；

(3) 将 S 表的 sno(学号)设为主键(假如在创建表时没有设置主键约束)；

(4) 为 C 表的 cname 字段创建唯一约束；

(5) 为表 S 创建外键 dno，外键 dno 参考表 DEPT 中的主键 dno；

(6) 创建一个名为 SEX_DEFAULT，值为 1 的默认值，并绑定到表 S 的 sex 列，然后解除这个绑定，绑定解除后将此默认值删除；

(7) 创建一个规则 PRICE_RULE，PRICE_RULE 的值大于等于 0，小于等于 500，并

绑定到表 BOOK 的 price 列，然后解除这个绑定，绑定解除后将此规则删除。

6. 实验总结

(1) 实验内容的完成情况；
(2) 对重点实验结果进行分析；
(3) 出现的问题；
(4) 解决方案(列出遇到的问题和解决方法，列出没有解决的问题)；
(5) 收获和体会。

实验 8　数据库安全性

1. 实验目的

(1) 理解数据库安全性的重要性；
(2) 理解 SQL Server 对数据库数据的保护体系；
(3) 理解登录账户、数据库用户、角色、许可的概念；
(4) 掌握创建和管理登录账户的方法；
(5) 掌握创建和管理数据库角色、数据库用户的方法；
(6) 掌握用户权限的授予与回收。

2. 实验类型

验证型、设计型。

3. 相关知识

(1) SQL Server 的验证模式。

SQL Server 2008 有两种身份验证方式：Windows 身份验证和 SQL Server 身份验证。

- **Windows 身份验证**：要登录到 SQL Server 系统的用户身份由 Windows 系统来进行验证。

特点：Windows 验证模式下由 Windows 管理用户账户，数据库管理员的工作是管理数据库。

- **SQL Server 身份验证**：指用户登录 SQL Server 系统时，其身份验证由 Windows 和 SQL Server 共同进行，所以也称混合验证模式。

特点：混合模式允许非 Windows 客户、Internet 客户和混合的客户组连接到 SQL Server 中，增加了安全性方面的选择。

(2) 登录管理。

SQL Server 有两个默认的系统管理员登录账户：SA 和 BUILTIN\Administrators。

SA：具有 SQL Server 系统和所有数据库的全部权限。是一个特殊的登录名，它代表混合验证机制下 SQL Server 的系统管理员，sa 始终关联 dbo 用户。

BUILTIN\Administrators：具有 SQL Server 系统和所有数据库的全部权限，是 Windows 系统的系统管理员组。

- 将已经存在的 Windows 登录（Windows 组或用户）增加到 SQL Server 系统登录中：

  允许 Windows 组或用户到 SQL Server 的连接 SP_GRAWINDOWSLOGIN {login}。

  阻止 Windows 组或用户到 SQL Server 的连接：SP_DENYLOGIN{login}。

  删除 Windows 组或用户到 SQL Server 的连接：SP_REVOKELOGIN{login}。

注：在要增加的账户 login 前面要加上域名及"\"，且这三个存储过程不能放在同一个批中执行。

- 使用 T-SQL 语言创建、查看、删除 SQL Server 登录账户。

  创建 SQL Server 登录账户：

```
SP_ADDLOGIN  {'login'} [,password [,'default_database']]:
```

  ♦ login：要被创建的登录账户。它是唯一必须给定值的参数，而且必须是有效的 SQL Server 对象名。

  ♦ password：新登录账户的密码。

  ♦ default_database：新登录账户访问的默认数据库。

  查看 SQL Server 登录账户：`SP_HELPLOGINS`

  删除登录账户：`SP_DROPLOGIN  {'login'}`

(3) 用户管理。

要访问特定的数据库，必须有数据库用户名。

登录名、数据库用户名是 SQL Server 中两个容易混淆的概念，两者的区别与联系：

- 登录名是访问 SQL Server 的通行证，登录名本身并不能让用户访问服务器中的数据库资源。
- 新的登录创建以后，才能创建用户，用户在特定的数据库内创建，必须和一个登录名相关联。
- 一个登录账户可以与服务器上的所有数据库进行关联，而数据库用户是一个登录账户在某个数据库中的映射，也就是说一个登录账户可以映射到不同的数据库，产生多个数据库用户，一个数据库用户只能映射到一个登录账户。

在 SQL Server 中，登录账户和数据库用户是 SQL Server 进行权限管理的两种不同的对象。大多数情况下，登录名和用户名使用相同的名称。

- **创建数据库用户**：

```
SP_GRAWINDOWSDBACCESS {'login'} [,name_in_db]
```

  ♦ Login：数据库用户所对应的登录名。

  ♦ name_in_db：为登录账户登录在当前数据库中创建的用户名。

注：只有 sysadmin 固定服务器角色、db_accessadmin 和 db_owner 固定数据库角色的成员才能创建数据库用户；如果省略第二个参数，将创建一个和登录名相同的用户名到数据库中；存储过程只对当前的数据库进行操作，执行前应首先确认当前使用的数据库是要增加用户的数据库；要创建用户名的登录账户必须在执行存储过程前已经存在。

- **查看数据库用户**：SP_HELPUSER。
- **删除数据库用户**：
  SP_REVOKEDBACCESS [@name_in_db=] 'name'。
  - name：要删除的用户名。名字可以是 SQL Server 的用户名或存在于当前数据库中的窗口 Windows 的用户名或组名。

SP_REVOKEDBACCESS 不能删除：公众角色、dbo、数据库中的固定角色；master 和 tempdb 数据库中的 guest 用户账户；Windows NT 组中的 Windows NT 用户。

(4) 角色管理。

将在相同数据上具有相同权限的用户放入一个组中进行管理，分配给组的权限适用于组中的每一个成员，有利于简化对用户的授权工作。在 SQL Server 中组是通过角色来实现的，可以将角色理解为组。角色有以下两种。

• 固定服务器角色：服务器角色是服务器级的一个对象，只能包含登录名。它在服务器级别上被定义，存在于数据库外面，不能被创建。固定服务器角色及功能如下表所示。

角　色	功　能
sysadmin	能够执行任何任务
securityadmin	负责系统的安全管理，能够管理和审核服务器登录名
serveradmin	能够配置服务器的设置
setupadmin	能够安装、复制
processadmin	能够管理 SQL Server 系统的进程
diskadmin	能够管理磁盘文件
dbcreator	能够创建和修改数据库
bulkadmin	能够执行大容量数据的插入数据操作

为登录账户指定服务器角色：SP_ADDSRVROLEMEMBER {'login'},'role'。

为登录账户收回服务器角色：SP_DROPSRVROLEMEMBER {'login'},'role'。

其中，login 是指登录名；role 是指服务器角色名。

- 数据库角色：数据库角色是数据库级的一个对象，数据库角色只能包含数据库用户名而不能是登录名。数据库角色分为固定数据库角色和自定义数据库角色。
- 固定数据库角色：固定数据库角色及功能如下表所示。

角　色	功　能
public	维护默认的许可
db_owner	数据库属主,在特定数据库内具有全部权限
db_accessadmin	能够添加、删除数据库用户和角色
db_securityadmin	可以管理全部权限、对象所有权、角色和角色成员资格
db_ddladmin	能够添加、删除和修改数据库对象
db_backupoperator	能够备份和恢复数据库
db_datareader	能够从任意表中读出数据
db_datawriter	能够对任意表插入、修改和删除数据
db_denydatareader	不允许从表中读数据
db_denydatawriter	不允许改变表中的数据

注：数据库角色在数据库级别上被定义,存在于数据库之内;数据库角色存放在每个数据库 sysusers 表中;固定数据库角色不能被删除、修改、创建;固定数据库角色可以指定给其他登录账户。

- 自定义数据库角色：

  创建自定义数据库角色：

  ```
  SP_ADDROLE  'role'[,'owner']
  ```

  ♦ role：指新增的数据库角色。

  ♦ owner：是新增数据库角色的属主。

  删除自定义数据库角色：`SP_DROPROLE {'role'}`。

注：执行 SP_DROPROLE 时要删除的角色必须没有成员,被删除角色中的所有成员必须删除或被事先改变到其他的角色中。否则,系统将会给出错误信息：

为数据库角色添加成员：`SP_ADDROLEMEMBER {'role'},'security_account'`。

为数据库角色删除成员：`SP_DROPROLEMEMBER {'role'},'security_account'`。

其中,role 是数据库角色名,security_account 是数据库用户名。

(5) 许可管理。

- 管理许可的用户。

  以下的四种用户可以对部分或全部语句授权：

  ♦ 系统管理员：有 sa 账户或具有相同权限的用户；

  ♦ 数据库的属主：当前数据库的拥有者；

  ♦ 对象的属主：当前对象的拥有者；

  ♦ 数据库用户(使用者)：不属于以上用户的其他用户。

- 许可的状态。

授予许可：授予允许用户账户执行某些操作的语句权限和对象权限。

禁止许可：禁止某些用户或角色的权限；删除以前授予用户、组或角色的权限；停用从其他角色继承的权限并确保用户、组或角色不继承更高级别的组或角色的权限。

撤销许可：可以废除以前授予或禁止的权限。撤销许可类似禁止许可，二者都是在同一级别上删除已授予的权限。但是，撤销许可是删除已授予的许可，并不妨碍用户、组或角色从更高级别继承已授予的许可。

注：许可的授予、撤销及禁止只能在当前数据库中进行。

• 用 T-SQL 语言设置许可。

♦ **授予许可**

授予许可的授予语句语法格式如下：

```
GRANT<permission>ON<object>TO<user>
```

♦ **撤销许可**

撤销许可的撤销语句语法格式如下：

```
REVOKE<permission>ON<object>TO<user>
```

♦ **禁止许可**

禁止许可的否认语句语法格式如下：

```
DENY<permission>ON<object>TO<user>
```

permission：是相应对象的任何有效权限的组合；

object：被授权的对象。这个对象可以是一个表，视图，表或视图中的一组列，或一个存储过程；

user：被授权的一个或多个用户，或组。

4. 实验内容及指导

【实验 8-1】 创建一个登录账户 zyx，密码为 4321、使用的默认数据库为 JXGL；创建登录账户 aa，密码为 1234，使用默认数据库为 MASTER。

```
EXEC SP_ADDLOGIN  'zyx','4321', 'JXGL'
EXEC SP_ADDLOGIN  'aa', '1234', 'MASTER'
```

【实验 8-2】 从 SQL Server 中将登录账户 aa 删除掉。

```
EXEC  SP_DROPLOGIN  'aa'
```

【实验 8-3】 在混合验证模式下，为数据库 JXGL 登录账户 zyx 和 aa 创建同名的数据库用户。

```
USE JXGL
GO
EXEC  SP_GRAWINDOWSDBACCESS  'zyx'
EXEC  SP_GRAWINDOWSDBACCESS  'aa'
```

【实验 8-4】 使用命令 SP_REVOKEDBACCESS 将数据库中的 aa 删除掉。

```
SP_REVOKEDBACCESS  'aa'
```

【实验 8-5】 将登录名 zyx 添加到 dbcreator 角色中。

```
SP_ADDSRVROLEMEMBER  'zyx', dbcreator
```

【实验 8-6】 增加一个叫 ww 的自定义数据库角色。

```
SP_ADDROLE  'ww', dbo
```

【实验 8-7】 使用系统存储过程 SP_ADDROLEMEMBER 将数据库用户 zyx,aa 作为成员添加到数据库角色 ww 中,再将 aa 从数据库角色 ww 中删除。

```
EXEC SP_ADDROLEMEMBER  'ww',zyx
EXEC SP_ADDROLEMEMBER  'ww',aa
GO
SP_DROPROLEMEMBER  'ww',aa
```

【实验 8-8】 授予用户 zyx 在数据库 JXGL 中创建表及对课程表具有查询、删除权的许可。

```
GRANT CREATE TABLE TO zyx
GRANT SELECT , DELETE ON C TO zyx
```

【实验 8-9】 撤销用户 zyx 在数据库 JXGL 中创建表及对课程表具有查询、删除权的许可。

```
REVOKE CREATE TABLE FROM zyx
REVOKE SELECT,DELETE ON C FROM zyx
```

【实验 8-10】 禁止用户 zyx 对数据库中的课程表执行插入、删除操作。

```
DENY INSERT, DELETE ON S TO zyx
```

5. 实验作业

(1) 创建一个登录账户 lm,密码为 1226、使用的默认数据库为 JXGL;创建登录账户 zxy,密码为 615,使用默认数据库为 MODEL;

(2) 查看登录账户 lm;删除登录账户 zxy;

(3) 在混合验证模式下,为数据库 JXGL 登录账户 lm 和 zxy 创建同名的数据库用户;

(4) 使用命令 SP_REVOKEDBACCESS 将数据库中的 zxy 删除掉;

(5) 将登录名 zxy 加到 sysadmin 角色中;

(6) 增加一个叫 fz 的自定义数据库角色;

(7) 使用系统存储过程 SP_ADDROLEMEMBER 将数据库用户 lm,zxy 作为成员添加到数据库角色 fz 中,再将 lm 从数据库角色 fz 中删除;

(8) 授予用户 lm 在数据库 JXGL 中创建表及对学生表具有查询、插入权的许可;

(9) 撤销用户 lm 在数据库 JXGL 中创建表及对学生表具有查询、插入权的许可；
(10) 禁止用户 lm 在数据库 JXGL 中对学生表执行插入、删除操作。

6. 实验总结

(1) 实验内容的完成情况；
(2) 对重点实验结果进行分析；
(3) 出现的问题；
(4) 解决方案(列出遇到的问题和解决方法,列出没有解决的问题)；
(5) 收获和体会。

实验 9 T-SQL 语言程序设计

1. 实验目的

(1) 掌握 T-SQL 语言的基本语法格式及常见的数据类型；
(2) 熟练掌握如何创建、修改、删除和查看用户自定义的数据类型；
(3) 掌握在 T-SQL 语言中局部变量的定义和赋值方法；
(4) 掌握 T-SQL 提供的常见函数的含义；
(5) 掌握流程控制语句的语法格式,并能够熟练应用。

2. 实验类型

验证型、设计型。

3. 相关知识

(1) 数据类型。

数据类型是指数据所代表的信息的类型,每一种语言都定义了自己的数据类型。SQL Server 中定义了系统的数据类型(参看教材或帮助文件),同时允许用户自己定义数据类型。

创建用户自定义数据类型语法如下：

```
SP_ADDTYPE  type_name ,phystype[(length)|([precision,scale]),NULL | NOT NULL
| IDENTITY]
```

其中：

- type_name：是用户定义的数据类型的名字。
- phystype：是用户自定义数据类型所基于的系统数据类型,可以包括长度、精度和标度。
- NULL | NOT NULL | IDENTITY：用户自定义数据类型的性质,分别为允许空值、不允许为空值、具有标识列性质。如果不指定列的性质,默认为 NOT NULL。

自定义数据类型定义后，与系统数据类型一样使用。

(2) 变量。

① **局部变量**：一般在批处理中被声明、定义、赋值和引用，批处理结束后，局部变量就消失了。

定义：

```
DECLAER {@local_variable   data_type} [,...n]
```

赋值：

```
SET  {@local_variable=expression}  或者
SELECT {@local_variable=expression} [ ,...n ]
```

其中 expression 为与局部定义的数据类型相匹配的表达式，赋值前变量默认值为 NULL。

显示：

```
SELECT @variable_name
```

② **全局变量**：在服务器级定义的，应用在整个 SQL Server 系统内，存储的通常是一些 SQL Server 的配置设定值和统计数据。

几个常用的全局变量：

- @@rowcount：受最近一个语句影响的行数。
- @@version：SQL Server 的版本号。
- @@error：返回上一条 T-SQL 语句执行后的错误号。
- @@procid：返回当前存储过程的 ID 标识。
- @@remserver：返回登录记录中远程服务器的名字。
- @@spid：返回当前服务器进程的 ID 标识。

(3) 流程控制语句。

① RETURN：RETURN 的作用是无条件退出所在的批、存储过程和触发器。退出时，可以返回状态信息，在 RETURN 语句后面的任何语句不被执行。

RETURN 语句的语法格式：

```
RETURN  [integer_expression]
```

其中，integer_expression 是一个表示过程返回的状态值。系统保留 0 为成功。小于 0 为有错误。

② PRINT：在屏幕上显示用户信息。

PRINT 语句的语法格式如下：

```
PRINT {'string' | @local_variable |@@local_variable}
```

其中：

- string：一个不超过 255 字节的字符串。
- @local_variable：一个局部变量，该局部变量必须是 CHAR 或 VARCHAR 类型。

• @@ local_variable：能被转化为 char 或 varchar 类型的全局变量。

③ RAISERROR：RAISERROR 语句的作用是将错误信息显示在屏幕上，同时也可以记录在 NT 日志中。

RAISERROR 语句的语法格式：

```
RAISERROR  error_number {msg_id | msg_str},
           SEVERITY, STATE [ , argument1 [ , ...n]]
```

其中：

• error_number：是指错误号。
• msg_id | msg_str：是指错误信息。
• SEVERITY：是指错误的严重级别。
• STATE：是指发生错误时的状态信息。

④ CASE：简单型 CASE 语句的语法格式如下。

```
CASE expression
{WHEN expression THEN result} [,...n]
[ELSE result ]
   END
```

其中：

• expression：可以是常量、列名、函数、算术运算符等。

简单型 CASE 语句是根据表达式 expression 的值与 WHEN 后面的表达式逐一比较，如果两者相等，返回 THEN 后面的表达式 result 的值，否则返回 ELSE 后面表达式 result 的值。

搜索型 CASE 语句的语法格式如下。

```
CASE
WHEN  boolean_expression  THEN result} [,...n]
[ELSE result ]
   END
```

其中：

• boolean_expression：CASE 语句要判断的逻辑表达式。

搜索型 CASE 语句是判断逻辑表达式 boolean_expression 为真，则返回 THEN 后面表达式 result 的值，然后判断下一个逻辑表达式，如果所有逻辑表达式都为假，则返回 ELSE 后面表达式 result 的值。

⑤ BEGIN... END：当需要将一个以上的 SQL 语句作为一组对待时，可以使用 BEGIN 和 END 将它们括起来形成一个 SQL 语句块，以达到一起执行的目的。

语法格式：

```
BEGIN
sql_statement
END
```

• sql_statement：是要执行的任何合法的 SQL 语句或语句组，它必须包含在一个单独的批中。

⑥ IF…ELSE

语法格式：

```
IF  boolean_expression
sql_statement
[ELSE  [IF boolean_expression]
   sql_statement ]
```

其中：

• boolean_ expression：是布尔表达式，其值是 TRUE 或 FALSE。
• sql_statement：是要执行的 SQL 语句。既可以是单个 SQL 语句，也可以是一组 SQL 语句。如果在 IF 或 ELSE 语句后面有多条 SQL 语句，必须把它们放在 BEGIN…END 块中。

⑦ WHILE 结构

WHILE 语句的作用是为重复执行某一语句或语句块设置条件。当指定条件为 TRUE 时，执行这些语句，直到为 FALSE 为止。

语法格式：

```
WHILE  boolean-expression
sql_statement
[BREAK ]
{sql_statement}
[CONTINUE ]
{sql_statement}
```

其中：

• boolean-expression：是布尔表达式，其值是 TRUE 或 FALSE。
• sql_statement：是要执行的 SQL 语句。既可以是单个 SQL 语句，也可以是一组 SQL 语句。如果在 WHILE 语句后面有多条 SQL 语句，必须把它们放在 BEGIN…END 块中。
• BREAK：是退出所在的循环。
• CONTINUE：是使循环跳过 CONTINUE 之后的语句重新开始。

⑧ GOTO 语句

使用 GOTO 语句可以使 SQL 语句的执行流程无条件地转移到指定的标号位置。GOTO 语句和标号可以用在语句块、批处理和存储过程中，标号的命名要符合标识符命名规则。GOTO 语句经常用在 WHILE 和 IF 语句中以跳出循环或分支处理。

语法格式：

```
LABEL:
…
GOTO LABEL
```

⑨ WAITFOR 语句

使用 WAITFOR 语句可以在某一个时刻或某一个时间间隔后执行 SQL 语句或语句组。

语法格式：

```
WAITFOR {DELAY 'time' |TIME 'time'}
```

其中：

- DELAY 指定时间间隔，TIME 指定在某一个时刻。

注：TIME 参数的数据类型为 datetime，格式为'hh：mm：ss'。

⑩ 注释语句

注释语句是起说明代码含义，增加脚本的可读性，是不执行的。有两种用法：

- /＊……＊/：该方法可以注释多行。
- ——(两个减号)：用于一行的注释。

4. 实验内容及指导

【实验 9-1】 在 JXGL 中创建两个自定义数据类型 a 和 b。

```
USE JXGL
GO
EXEC SP_ADDTYPE  a, 'varchar(15)','NULL'
EXEC SP_ADDTYPE  b, 'char(15)','NOT NULL'
```

【实验 9-2】 删除用户自定义数据类型 a。

```
USE JXGL
GO
SP_DROPTYPE  a
```

【实验 9-3】 声明两个整型的局部变量：a 和 b，并给 a 赋初值 5，给 b 赋值为 5 倍的 a，显示 b 的结果。

```
DECLARE @a int, @b int
SET @a=5
SET @b=@a*5
SELECT @b
```

【实验 9-4】 将 GETDATE 函数的结果转换为 varchar 数据类型，并将其打印输出："本信息打印的时间是"。

```
PRINT '本信息打印的时间是'+(CONVERT(varchar(30), GETDATE()))+'。'
```

【实验 9-5】 将 JXGL 数据库中表 BOOK 里的 bno 为 "b001"和"b002"记录显示出来，其余的用 other 显示。

```
USE  JXGL
```

```
GO
SELECT  BOOK.bno,bno=
CASE  bno
WHEN 'b001' THEN  'b001'
WHEN 'b002' THEN  'b002'
ELSE  'other'
END
FROM  BOOK
```

【实验 9-6】 将 JXGL 中表 BOOK 里的 price 大于 50 的记录对应的 price_level 显示 high,price 小于 20 的记录对应的 price_level 显示 low,其余的显示 flat。

```
USE  JXGL
GO
SELECT  bno, 'price level'=
CASE
WHEN  price>50  THEN  'high'
WHEN  price<20  THEN  'low'
ELSE  'flat'
END
FROM  BOOK
```

【实验 9-7】 定义一个整形变量,如赋值为 1,显示 I am a student,否则显示 I am a teacher。

```
DECLARE  @a int
SELECT @a=2
IF @a=1
BEGIN
PRINT 'I am a student'
END
ELSE
PRINT 'I am a teacher'
GO
```

【实验 9-8】 输出字符串 student 中每一个字符的 ASCII 值和字符。

```
DECLARE @p int, @str char(6)
SET  @p=1
SET  @str='student'
WHILE @p<=DATALENGTH(@str)
BEGIN
SELECT ASCII(SUBSTRING(@str,@p,1)) AS ASCCODE,
  char(ASCII(SUBSTRING(@str,@p,1))) AS ASCCHAR
  SET @p=@p+1
END
```

【实验 9-9】 使用 IF 语句求 1 到 100 之间的累加和并输出结果。

```
DECLARE @sum int,  @count int
SELECT @sum=0,  @count=1
LABEL:
SELECT @sum=@sum+@count
SELECT @count=@count+1
IF @count<=100
GOTO  LABEL
SELECT @sum,@count
```

【实验 9-10】 设置在 9：00 进行一次查询操作。

```
USE PUBS
GO
BEGIN
WAITFOR TIME '9:00'
SELECT * FROM  BOOK
END
```

【实验 9-11】 设置在 5 分钟后进行一次查询操作。

```
USE  JXGL
GO
BEGIN
WAITFOR  DELAY  '00:05'
SELECT * FROM  BOOK
END
```

5. 实验作业

(1) 在 JXGL 中创建自定义数据类型 c，要求长度 CHAR(6)，不允许为空值；

(2) 定义一个整型局部变量，赋值为 10；定义一个可变长字符型局部变量并赋值为“北京欢迎你”；

(3) 使用 WHILE 语句实现计算 1000 加 1、加 2、加 3、…一直加到 100 的结果，并显示最终结果；

(4) 输出学号，课程号和成绩等级，并分情况判断：grade 在 90 到 100 范围时，成绩等级='优'；grade 在 80 到 89 范围时，成绩等级='良'；grade 在 70 到 79 范围时，成绩等级='中'；grade 在 60 到 69 范围时，成绩等级='及格'；其他，成绩等级='不及格'；

(5) 使用 GOTO 语句求出从 1 加到 100 的总和；

(6) 打印 ASC 码值为 0～254 的字符表；

(7) 从数据表 SC 中查询课程号为 C001 课程的最低分，如果最低分大于等于 60 分，打印以下内容：“祝贺，课程考试全部通过！”；

(8) 声明变量@a，@b 为整型，如果@a＞@b，程序终止执行，否则程序等待 20 秒钟，显示课程信息，并且程序在'2：38'时间点对 JXGL 数据库进行备份到 G 盘操作。

6. 实验总结

(1) 实验内容的完成情况；
(2) 对重点实验结果进行分析；
(3) 出现的问题；
(4) 解决方案(列出遇到的问题和解决方法，列出没有解决的问题)；
(5) 收获和体会。

实验 10 存储过程的创建及应用

1. 实验目的

(1) 理解存储过程的概念及作用；
(2) 了解常用系统存储过程及其使用方法；
(3) 掌握使用 T-SQL 语句创建带输入参数和输出参数的存储过程；
(4) 掌握使用存储过程的操作技巧和方法；
(5) 掌握存储过程在程序中的应用；
(6) 掌握使用界面操作方式创建、管理和修改存储过程的方法。

2. 实验类型

验证型、设计型。

3. 相关知识

存储过程是一种把重复的任务操作封装起来的一种方法，支持用户提供参数，可以返回、修改值，允许多个用户使用相同的代码，完成相同的数据操作。

(1) 存储过程的类型。

- **系统存储过程**：指存储在 master 数据库中，其前缀为 sp_，由系统创建的存储过程。主要用于从系统表中获取信息，其中的大部分可以在用户数据库中使用。
- **扩展存储过程**：扩展存储过程是对动态链接库(DLL)函数的调用。其前缀为 xp_。它允许用户使用 DLL 访问 SQL Server，用户可以使用编程语言(诸如 C 或 C++ 等)创建自己的扩展过程。
- **用户定义的存储过程**：由用户为完成某一特定功能而编写的存储过程。

(2) 创建存储过程。

① 创建一个存储过程的语法如下：

```
CREATE  PROC  [EDURE] [OWNER.]  procedure_name
[({@parameter data_type}  [VARYING] [=default] [OUTPUT])][, ...n ]
```

```
[WITH  {RECOMPILE | ENCRYPTION | RECOMPILE , ENCRYPTION} ]
AS
sql_statement [...n]
```

其中：

- procedure_name：为新创建的存储过程所指定的名字，它必须遵循标准 SQL Server 命名约定，且必须在同一个数据库中是唯一的。
- @parameter：存储过程的输入或输出参数。
- default：参数缺省值。
- WITH RECOMPILE：重编译选项。
- sql_statements：存储过程中实现功能的 SQL 语句。

注：

- 每个存储过程应该完成一项单独的工作。
- 为防止别的用户看到自己所编写的存储过程的脚本，创建存储过程时可以使用参数 WITH ENCRYPTION。
- 一般存储过程都是在服务器上创建和测试，在客户机上使用时，还应该进行测试。

② 创建带输入参数的存储过程

语法格式如下：

```
@parameter_name  dataype[=default]
```

其中：

- @parameter_name：存储过程的输入参数名，必须以@符号为前缀。执行该存储过程时，应该向输入参数提供相应的值。
- datatype：该参数的数据类型说明，它可以是系统提供的数据类型，也可以是用户定义的数据类型。
- default：如果执行存储过程时未提供该参数值，则使用 DEFAULT 值。

③ 创建带输出参数的存储过程

语法格式如下：

```
@parameter_name  dataype[=default]  OUTPUT
```

其中：

- @parameter_name：输出参数名，必须以@符号为前缀。
- datatype：输出参数的数据类型说明。
- OUTPUT：指明该参数是一个输出参数。这是一个保留字，输出参数必须位于所有输入参数之后。返回值是当存储过程执行完成时参数的当前值。为了保存这个返回值，在调用该过程时 SQL 调用脚本必须使用 OUTPUT 关键字。

(3) 存储过程的管理。

查看存储过程的定义：SP_HELPTEXT、PROC_NAME

查看有关存储过程的信息：SP_HELP、PROC_NAME

删除存储过程：DROP、PROCEDURE{procedure}[,…n]

其中,n 表示可以指定多个存储过程。

重命名存储过程：SP_RENAME、OLD_NAME、NEW_NAME

4. 实验内容及指导

【实验 10-1】 创建一个存储过程 P1,要求 P1 返回出版社和出版的图书种类数,并执行存储过程。

```
USE  JXQL
GO
```

—如果存在 P1,将其删除：

```
IF EXISTS (SELECT NAME FROM SYSOBJECTS
WHERE  NAME='P1'AND  TYPE='P')
DROP  PROCEDURE  P1
GO
```

—创建存储过程：

```
CREATE  PROC  P1
AS SELECT bpc, COUNT(bno) 出版种类数 FROM BOOK
GROUP  BY  bpc
EXEC  P1
```

【实验 10-2】 创建一个从 S 表查询学生信息的存储过程 P2,要查询的学号通过执行语句中的输入参数传递给存储过程。

```
USE JXGL
GO
CREATE PROC P2
@sno  char(10)
AS SELECT * FROM S WHERE  sno=@sno
GO
```

【实验 10-3】 创建一个查询学生信息的存储过程 P3,要查询的学号通过执行语句中的输入参数传递给存储过程,要求输出学生姓名、选修课程门数、平均分。

```
USE JXGL
GO
CREATE PROC P3
@sno char(10)
AS SELECT sname, COUNT(cno) 选修课程门数, AVG(grade) 平均分
FROM S,SC
WHERE S.sno=SC.sno AND SC.sno=@sno
GO
```

【实验 10-4】 为 JXGL 数据库建立一个存储过程 P4，通过执行存储过程将系部信息添加到 DEPT 表，执行该存储过程。

```
USE  JXGL
GO
CREATE  PROCEDURE  P4
@dno  char(8)=NULL,
@dname  nvarchar(8)=NULL,
@dheader  char(6)=NULL,
@snum  int=NULL
AS
IF @dno IS NULL OR @dname IS NULL OR @dheader IS NULL
BEGIN
PRINT '请重新输入系部信息!'
PRINT '你必须提供系部的系号、系名称、系主任。'
PRINT '(系学生人数可以为空)'
RETURN
END
BEGIN TRANSACTION
INSERT INTO DEPT (dno, dname, dheader, snum)
VALUES  (@dno, @dname, @dheader, @snum)
IF @@error<>0
    BEGIN
    ROLLBACK TRAN
    RETURN
  END
COMMIT  TRANSACTION
PRINT  '@name+'的信息成功添加到表 DEPT 表中。'
```

执行：EXEC P4 'd004', '灾害信息工程系','张明','600'。

【实验 10-5】 创建修改指定图书的出版社的存储过程 P5，输入参数为：书号和修改后的出版社，修改后的出版社默认为"清华大学出版社"。

```
USE JXGL
GO
CREATE PROCEDURE  P5
@bno char(8),
@bpc char(10)
AS  UPDATE BOOK
SET bpc=@bpc WHERE bno=@bno
GO
执行一:  EXEC  P5  'b001', '清华大学出版社'
执行二:  EXEC  P5  @bno='b001',  @bpc='清华大学出版社'
执行三:  EXEC  P5  @bpc='清华大学出版社' ,  @bno='b001'
```

注：执行时可选用不同的方法，但要保障参数值赋值给正确的变量。

【实验 10-6】 创建一个存储过程 P6，输入参数为学生姓名，要求输出所选课程名、学分和选课成绩，并执行该存储过程。

```
USE  JXGL
GO
CREATE  PROCEDURE  P6
@sname  varchar(40)='张%'
AS SELECT cname, credit, grade
From S, C, SC
    WHERE S.sno=SC.sno AND C.cno=SC.cno AND sname LIKE @sname
GO
执行一:EXEC  P6
执行二: EXEC  P6  '李明'
```

注：执行一的方法中姓名输入参数使用了默认值。使用默认值参数的方法，可以解决：如果用户不给出传递给存储过程所需参数中的任何一个，将会产生调用执行错误的问题。如第四行改为：@sname varchar(40)＝'%'，执行该存储过程时不提供任何参数时，则执行返回的结果集将是空集，而不会产生错误。

【实验 10-7】 创建一个实现乘法计算并将运算结果作为输出参数的存储过程 P7。

```
CREATE PROCEDURE    P7
@a int,
@b int,
@c int OUTPUT
AS
SELECT @c=@a* @b
GO
    —执行
      @a int
@b int
@c int
SET @a=3
SET @b=8
EXEC  P7  @a,  @b,  @c  OUTPUT
PRINT  CONVERT(char(5), @a)+'与'+CONVERT(char(5), @b)+
'的乘积等于:'+CONVERT(char(5), @c)
GO
```

【实验 10-8】 创建带输入和输出参数的存储过程 P8，当输入课程号时，给出该课程的课程名，学分，平均分和最高分；调用存储过程 P8：查询课程号为“c001”的信息。

```
USE  JXGL
GO
CREATE PROCEDURE P8
```

```
@cno char(10),
@avgcj int  OUTPUT,
@maxcj int  OUTPUT
AS  SELECT @avgcj=AVG(grade) FROM SC WHERE cno=@cno
    SELECT @maxcj=MAX(grade) FROM SC WHERE cno=@cno
    SELECT cname, credit, @avgcj 平均分, @maxcj 最高分
  FROM C
  WHERE C.cno=@cno
—执行
  DECLARE @avg1 int
  DECLARE @max1 int
  EXEC P8 'c001', @avg1 OUTPUT, @max1 OUTPUT
```

【实验 10-9】 查看实验 10-8 中存储过程 P8 的定义。

```
USE  JXGL
GO
SP_HELP P8
```

【实验 10-10】 把实验 10-8 中存储过程 P8 重命名为 PCOURSE。

```
USE JXGL
GO
SP_RENAME 'P8'. 'PCOURSE'
```

【实验 10-11】 把实验 10-10 中存储过程 PCOURSE 删除。

```
USE JXGL
GO
DROP PROCEDURE. PCOURSE
```

5. 实验作业

(1) 创建存储过程 PROC1,要求返回学号和选修课程的门数及平均分;

(2) 创建一个从 S 表查询学生信息的存储过程 PROC2,要查询的系号通过执行语句中的输入参数传递给存储过程;

(3) 创建一个查询课程信息的存储过程 PROC3,要查询的课程号通过执行语句中的输入参数传递给存储过程,要求输出课程名、选修课程的人数、平均分;

(4) 为 JXGL 数据库建立一个存储过程 PROC4,通过执行存储过程将图书信息添加到 BOOK 表,执行该存储过程;

(5) 创建修改指定学生的系别的存储过程 PROC5,输入参数为:学号和修改后的系别,修改后的系别默认为“d004”;

(6) 创建带默认值参数的存储过程 PROC6,输入参数为书名(默认值为书名含有“数据库”的图书),要求输出出版社、定价和作者,并执行该存储过程;

(7) 创建计算 1+2+3…一直加到指定值的存储过程 PROC7，要求：计算的终值由输入参数决定，计算结果由输出参数返回给调用者；

(8) 创建带输入和输出参数的存储过程 PROC8，当输入学号时，给出该同学的姓名，性别，课程平均分和最低分；调用存储过程 PROC8：查询学号为“115043101”同学的信息；

(9) 查看中存储过程 PROC8 的定义；

(10) 把(8)中存储过程 PROC8 重命名为 PSTU；

(11) 把(10)中存储过程 PSTU 删除。

6. 实验总结

(1) 实验内容的完成情况；

(2) 对重点实验结果进行分析；

(3) 出现的问题；

(4) 解决方案(列出遇到的问题和解决方法，列出没有解决的问题)；

(5) 收获和体会。

实验 11 触发器的创建及应用

1. 实验目的

(1) 理解触发器的概念及其优点；

(2) 掌握使用 T-SQL 语言创建触发器的方法；

(3) 掌握触发器在程序中的应用；

(4) 掌握使用界面操作方式创建、修改和管理触发器。

2. 实验类型

验证型、设计型。

3. 相关知识

触发器(TRIGGER)是一种实施复杂数据完整性的特殊存储过程。触发器是一个功能强大的工具，它与表紧密相连，在表中数据发生变化时自动强制执行。触发器主要用于保护表中的数据，完成主键、外键、规则和约束等方法无法完成的数据库的复杂的完整性约束。

对表中数据的操作有三种基本类型：数据插入、修改、删除，因此，触发器也有三种类型：INSERT 触发器、UPDATE 触发器、DELETE 触发器。

(1) 触发器的工作原理

SQL Server 为执行的触发器创建一个或两个专用的临时表：INSERTED 表或者 DELETED 表。

INSERTED 表和 DELETED 表的结构总是与被该触发器作用的表的结构相同，而且只能由创建它们的触发器引用。它们是临时的逻辑表，由系统来维护，不允许用户直接对它们进行修改。它们存放于内存中，并不存放在数据库中。触发器工作完成后，与该触发器相关的这两个表也会被删除。

① INSERT 触发器

当一个记录插入到表中时，INSERT 触发器自动触发执行，相应的插入触发器创建一个 INSERTED 表，新的记录被增加到该触发器表和 INSERTED 表中。它允许用户参考初始的 INSERT 语句中的数据，触发器可以检查 INSERTED 表，以确定该触发器里的操作是否应该执行和如何执行。

② DELETE 触发器

当从表中删除一条记录时，DELETE 触发器自动触发执行，相应的删除触发器创建一个 DELETED 表，用于保存已经从表中删除的记录，该 DELETED 表允许用户参考原来的 DELETE 语句删除的已经记录在日志中的数据。

注意：当被删除的记录放在 DELETED 表中时，该记录就不会存在于数据库的表中了。因此，DELETED 表和数据库表之间没有共同的记录。

③ UPDATE 触发器

修改一条记录就等于插入一条新记录，删除一条旧记录，进行数据更新也可以看成由删除一条旧记录的 DELETE 语句和插入一条新记录的 INSERT 语句组成。当在某一个触发器表的上面修改一条记录时，UPDATE 触发器自动触发执行，相应的更新触发器创建一个 DELETED 表和 INSERTED 表，表中原来的记录移动到 DELETED 表中，修改过的记录插入到了 INSERTED 表中。

(2) 创建触发器

创建触发器的语法格式如下：

```
  CREATE  TRIGGER  trigger_name
  ON  table_name
  [ WITH  ENCRYPTION ]
FOR  {[INSERT][,][DELETE][,][UPDATE]}
AS
sql_statement
```

其中：

- trigger_name：要创建的触发器名称。触发器名称必须符合标识符规则，并且在数据库中必须唯一。
- table_name：指定所创建的触发器与之相关联的表名。必须是一个现存的表。
- WITH ENCRYPTION：加密创建触发器的文本。
- FOR {[INSERT] [,][DELETE] [,][UPDATE]}：指定所创建的触发器将在

发生哪些事件时被触发，也即指定创建触发器的类型。INSERT：表示创建插入触发器；DELETE：表示创建删除触发器；UPDATE：表示创建更新触发器。

注：创建时必须至少指定一个选项。在触发器定义中允许使用以任意顺序组合的这些关键字。如果指定的选项多于一个，以逗号分隔这些选项。

• sql_statement：指定触发器执行的 SQL 语句。

注：触发器只能在当前数据库中创建，并且一个触发器只能作用在一个表上。在同一条 CREATE TRIGGER 语句中，可为多种用户操作(如 INSERT 和 UPDATE)定义相同的触发器操作。

(3) **触发器的管理**

查看触发器的定义：SP_HELPTEXT TRIGGER_NAME

查看有关触发器的信息：SP_HELP TRIGGER_NAME

查看表中的触发器信息：SP_HELPTRIGGER TABLE_NAME

查看触发器的相关性：SP_DEPENDS TRIGGER_NAME

删除触发器：DROP TRIGGER {trigger} [,…n]。其中，n 表示可以指定多个存储过程。

重命名触发器：SP_RENAME OLD_NAME NEW_NAME。

4. 实验内容及指导

【实验 11-1】 当某系增加一名学生，即向表 S 中插入一行数据时，需要更改该学生所在系的记录，以增加该系的学生总人数。请使用 INSERT 触发器自动完成这个工作。

```
USE  JXGL
GO
/* 如果存在同名的触发器，则删除之 */
IF EXISTS (SELECT  NAME  FROM  SYSOBJECTS
WHERE  TYPE='TR'AND  NAME='S_I')
DROP  TRIGGER  S_I
GO
CREATE  TRIGGER  S_I  ON  S
FOR INSERT
AS
DECLARE  @nums  tinyint
SELECT  @nums=d.snum
FROM DEPT D, INSERTED I
WHERE  D.dno=I.dno
IF (@nums>0)
   BEGIN
   UPDATE  DEPT
SET  snum=snum+1
   FROM DEPT D , INSERTED I
```

```
WHERE D.dno=I.dno
    END
    ELSE
BEGIN
        UPDATE  DEPT
            SET  snum=
            (  SELECT  COUNT(S.sno)
          FROM S , INSERTED I
          WHERE  S.dno=I.dno  )
        FROM DEPT D, INSERTED I
        WHERE DEPT. dno=I.dno
        END
GO
```

思考：向S表中插入数据行，测试某系部学生人数的变化；理解该存储过程的执行过程。

【实验 11-2】 为表S创建一个删除触发器，当删除表S中的一个学生信息时，将表SC中该同学相应的成绩记录删除掉。

```
USE  JXGL
GO
IF  EXISTS
(SELECT  NAME  FROM  SYSOBJECTS
WHERE TYPE='TR' AND NAME='S_D')
DROP TRIGGER S_D
GO
CREATE  TRIGGER  S_D  ON S
FOR DELETE
AS
DECLARE @sno char(8)
SELECT  @sno=DELETED.sno FROM DELETED
DELETE FROM SC
WHERE  SC.sno=@sno
```

思考：删除S表的数据行，测试SC表数据的变化；理解该存储过程的执行过程。

注意：不能在SC表的sno列上设置外键约束，如有，请先删除外键约束关系。

【实验 11-3】 为S表建立UPDATE触发器，在学生数据变更时自动更新DEPT表的学生人数。

```
USE JXGL
GO
IF EXISTS
 (SELECT NAME
FROM SYSOBJECTS
WHERE TYPE='TR ' AND NAME='S_U')
```

```
DROP TRIGGER S_U
GO
CREATE TRIGGER S_U ON S
FOR UPDATE
AS
IF UPDATE(dno)
BEGIN UPDATE DEPT
SET snum=
    (SELECT COUNT(S.sno)
     FROM S, INSERTED I
  WHERE S.dno=I.dno)
    FROM  DEPT, INSERTED  I
     WHERE  DEPT. dno=I.dno
UPDATE  DEPT
    SET  snum=
     (SELECT  COUNT (S.sno)
     FROM  S , DELETED E
     WHERE  T.dno=E.dno)
     FROM  DEPT,  DELETED  E
     WHERE  DEPT . dno=E. dno
     END
     GO
```

思考：更新S表的数据行，测试DEPT表数据的变化；理解该存储过程的执行过程。

【实验11-4】 在C表中定义一个插入和更新触发器C_IN_UP，在此触发器中保证学分在1～6的范围内。

```
USE  JXGL
GO
IF  EXISTS
(SELECT  NAME
FROM   SYSOBJECTS
WHERE  TYPE='TR ' AND  NAME='C_IN_UP')
DROP  TRIGGER  C_IN_UP
GO
CREATE  TRIGGER  C_IN_UP  ON  C
FOR  INSERT, UPDATE
AS IF EXISTS
(SELECT * FROM INSERTED
WHERE credit<1 OR credit>6)
BEGIN PRINT '学分必须在 0~6 的范围内'
ROLLBACK
END
GO
```

思考：插入和更新C表的数据行，测试该存储过程的功能；理解工作原理。

【实验 11-5】 向SC表添加一行数据，检查所插入数据的有效性。确保学生(sno)存在S表中，课程(cno)存在于C表中。

```
USE JXGL
GO
CREATE TRIGGER SC_I
ON SC
FOR INSERT
AS IF ((NOT EXISTS
      (SELECT sno FROM S
      WHERE sno IN  (SELECT sno FROM INSERTED)))
OR (NOT EXISTS  (SELECT cno FROM C
      WHERE cno IN (SELECT cno FROM INSERTED))))
BEGIN
      PRINT  '添加记录操作不能完成!'
      PRINT  '输入的学号或课程号有错误。'
      ROLLBACK TRANSACTION
END
```

思考：向SC表插入数据行，测试该存储过程的功能；理解执行过程。

【实验 11-6】 为BOOK表创建删除触发器，保证被选为教材的图书数据不能删除。

```
CREATE TRIGGER BOOKR_DELETE ON BOOK
FOR DELETE
AS
IF (EXISTS  (SELECT bno FROM C
WHERE bno in (Select bno FROM DELETED)))
BEGIN
PRINT  '删除记录操作不能完成!'
PRINT  '该图书被选为课程的教材。'
ROLLBACK TRANSACTION
RETURN
END
GO
```

思考：删除BOOK表的数据行，测试该存储过程的功能；理解工作原理。

【实验 11-7】 查看S表中的触发器信息。

```
EXEC SP_HELPTRIGGER S
```

【实验 11-8】 查看C_IN_UP触发器的定义代码。

```
EXEC SP_HELPTEXT 'C_IN_UP'
```

【实验 11-9】 查看C_IN_UP触发器的相关性。

```
EXEC SP_DEPENDS 'C_IN_UP'
```

【实验 11-10】 删除触发器 C_IN_UP。

```
DROP TRIGGER C_IN_UP
```

5. 实验作业

(1) 为 S 表创建一个插入触发器 S_INSERT，当向 S 表中添加数据时，如果添加的学生性别不是“男”或者“女”，则将禁止插入该学生的信息；

(2) 为 S 表建立删除触发器 S_DELETE，在删除学生记录时自动更新 DEPT 表中相应系的学生人数；

(3) 为 DEPT 表建立删除触发器 D_DELETE，在删除系部信息时，如果被删除的系部有学生，则禁止删除操作；

(4) 为 BOOK 表创建一个更新触发器 B_UPDATE，当修改 BOOK 表中清华大学出版社的图书定价时，如果修改值大于 1000，则不能修改此图书的定价；

(5) 为 SC 表定义一个插入和更新触发器 SC_IN_UP，在此触发器中保证成绩在 0～100；

(6) 为 C 表定义一个插入触发器 C_INSERT，实现：向 C 表添加一行数据，确保选用教材的图书(bno)存在 BOOK 表中；

(7) 查看 BOOK 表中的触发器信息；

(8) 查看触发器 B_UPDATE 的相关性；

(9) 删除触发器 B_UPDATE。

6. 实验总结

(1) 实验内容的完成情况；

(2) 对重点实验结果进行分析；

(3) 出现的问题；

(4) 解决方案(列出遇到的问题和解决方法，列出没有解决的问题)；

(5) 收获和体会。

实验 12　游标及事务的应用

1. 实验目的

(1) 理解游标的概念、定义方法和使用方法；

(2) 理解事务的概念及事务的结构；

(3) 掌握事务的使用方法；

(4) 理解并掌握存储过程和游标的综合应用。

2. 实验类型

验证型、设计型。

3. 相关知识

(1) 游标

游标(Cursor)是一种处理数据的方法,为了查看或者处理结果集中的数据,游标提供了在结果集中向前或者向后浏览数据的能力。

游标的使用步骤:

① 声明游标

语法格式如下:

```
DECLARE cursor_name [SCROLL] CURSOR
FOR select_statement
[FOR {READ ONLY|UPDATE[OF column_name_list]}]
```

其中:

- cursor_name:是游标的名字,必须遵循 SQL Server 命名规范。
- SCROLL:表示取游标时可以使用关键字 NEXT、PRIOR、FIRST、LAST、ABSOLUTE、RELATIVE。
- select_statement:是定义游标结果集的标准 SELECT 语句。
- FOR READ ONLY:指出该游标结果集只能读,不能修改。
- FOR UPDATE:指出该游标结果集可以被修改。
- OF column_name_list:列出可以被修改的列的名单。

注意:

- 游标有且只有两种方式:FOR READ ONLY 或 FOR UPDATE。
- 当游标方式指定为 FOR READ ONLY 时,游标涉及的表不能被修改。
- 当游标方式指定为 FOR UPDATE 时,可以删除或更新游标涉及的表中的行。
- DECLARE CURSOR 语句必须是在该游标的任何 OPEN 语句之前。

② 打开游标

语法格式如下:

```
OPEN   cursor_name
```

其中:cursor_name 是一个已声明的尚未打开的游标名。

注意:

- 当游标打开成功时,游标位置指向结果集的第一行之前。
- 只能打开已经声明但尚未打开的游标。

③ 从打开的游标中提取行

语法格式如下:

```
FETCH  [[NEXT|PRIOR|FIRST|LAST|ABSOLUTE|RELATIVE]
FROM] cursor_name [INTO fetch_target_list]
```

其中：

- cursor_name：为一已声明并已打开的游标名字。NEXT：取下一行数据。
- NEXT|PRIOR|FIRST|LAST|ABSOLUTE|RELATIVE：游标移动方向，缺省情况下是 NEXT，即向下移动。
  - ♦ PRIOR：取前一行数据。
  - ♦ FIRST：取第一行数据。
  - ♦ LAST：取最后一行数据。
  - ♦ ABSOLUTE：按绝对位置取数据。
  - ♦ RELATIVE：按相对位置取数据。
- INTO fetch_target_list：指定存放被提取的列数据的目的变量清单。清单中变量个数、数据类型、顺序必须与定义该游标的 select_statement 的 SELECT_list 中列出的列清单相匹配。

注意：为了更灵活地操纵数据，可以把从已声明并已打开的游标结果集中提取的列数据，分别存放在目的变量中。

有两个全局变量提供关于游标活动的信息：

- @@FETCH_STATUS 保存着最后 FETCH 语句执行后的状态信息，其值和含义如下：

  0：表示成功完成 FETCH 语句。

  -1：表示 FETCH 语句执行有错误，或者当前游标位置已在结果集中的最后一行，结果集中不再有数据。

  -2：提取的行不存在。
- @@rowcount 保存着自游标打开后的第一个 FETCH 语句，直到最近一次的 FETCH 语句为止，已从游标结果集中提取的行数。

④ 关闭游标

语法格式如下：

```
CLOSE cursor_name
```

其中：cursor_name 是已被打开并将要被关闭的游标名字。

注意：在如下情况下，SQL Server 会自动地关闭已打开的游标：当退出这个 SQL Server 会话时；从声明游标的存储过程中返回时。

⑤ 释放游标

语法格式如下：

```
DEALLOCATE  CURSOR  cursor_name
```

其中：cursor_name 是将要被 DEALLOCATE 释放的游标名字。如果释放一个已打开但未被关闭的游标，SQL Server 会自动先关闭这个游标，然后再释放它。

注意：关闭游标与释放游标的区别：关闭游标并不改变游标的定义，一个游标关闭后，不需要再次声明，就可以重新打开并使用；一个游标释放后，就释放了与该游标有关的一切资源，也包括游标的声明，游标释放后就不能再使用该游标了，如需再次使用游标，就必须重新定义。

(2) **事务**

事务(TRANSACTION)是指一个操作序列，这些操作序列要么都被执行，要么都不被执行，它是一个不可分割的工作单元。

① 事务控制语句：

- BEGIN TRAN [tran_name]：标识一个用户定义的事务的开始。tran_name 为事务的名字，标识一个事务开始。
- COMMIT TRAN [tran_name]：表示提交事务中的一切操作，结束一个用户定义的事务。使得对数据库的改变生效。
- ROLLBACK TRAN [tran_name|save_name]：回退一个事务到事务的开头或一个保存点。表示要撤销该事务已做的操作，回滚到事务开始前或保存点前的状态。
- SAVE TRAN save_name：在事务中设置一个保存点。它可以使一个事务内的部分操作回退。

② **事务管理的全局变量**

- @@error：给出最近一次执行的出错语句引发的错误号，@@error 为 0 表示未出错。
- @@rowcount：给出受事务中已执行语句所影响的数据行数。

事务中不能包含如下语句：

♦ CREATE　DATABASE

♦ ALTER　DATABASE

♦ BACKUP　LOG

♦ DROP　DATABASE

♦ RECONFIGURE

♦ RESTORE　DATABASE

♦ RESTORE　LOG

♦ UPDATE　STATISTICS

4. 实验内容及指导

【实验 12-1】 定义一个游标，将图书表 BOOK 中所有图书的书名、作者显示出来。

```
USE JXGL
GO
DECLARE @bname  varchar(10),
        @bauthor  varchar(6)
DECLARE  B_COURSOR  SCROLL CURSOR
```

```
FOR
SELECT bname, author
FROM BOOK FOR READ ONLY
OPEN B_COURSOR
FETCH FROM B_COURSOR INTO @bname, @bauthor
WHILE @@FETCH_STATUS=0
    BEGIN
PRINT  '书名:'+@bname+'   '+'作者:'+@bauthor
FETCH  FROM  B_COURSOR  INTO  @bname , @bauthor
END
CLOSE  B_COURSOR
DEALLOCATE  B_COURSOR
```

【实验 12-2】 通过游标将课程表 C 中记录号为 3 的课程学分由 3 改为 4。

```
USE JXGL
GO
DECLARE C_UP_COURSOR SCROLL CURSOR
FOR
SELECT cname, credit
FROM C FOR UPDATE OF credit
OPEN  C_UP_COURSOR
FETCH ABSOLUTE 3
FROM C_UP_COURSOR
UPDATE  C
SET  credit=4
WHERE  CURRENT OF C_UP_COURSOR
FETCH ABSOLUTE 3 FROM C_UP_COURSOR
CLOSE  C_UP_COURSOR
DEALLOCATE  C_UP_COURSOR
```

使用 UPDATE...CURRENT OF 语句的相关注意问题：一次只能更新当前游标位置确定的那一行;更新表中的行时,不会移动游标位置,被更新的行可以再次被修改,直到下一个 FETCH 语句的执行;可以更新多表视图或被连接的多表,但所有被更新的列都来自同一个表。

【实验 12-3】 通过游标将系表 DEPT 中学生人数为 0 的系部记录删除。

```
USE JXGL
GO
DECLARE  @dno    char(10)
         @dname  char(10)
         @snum   int
--声明可删除数据行的游标
DECLARE D_DELE_COURSOR COURSOR
FOR
```

```
SELECT dno, dname, snum
FROM DEPT
ORDER BY dname
OPEN C_DELE_COURSOR
--存取游标第一行
FETCH  NEXT  FROM  C_DELE_COURSOR
INTO  @dno,  @dname,  @snum
--循环存取和处理游标的所有行
WHILE  @@fetch_status=0
BEGIN
--使用游标修改数据
IF @snum=0
    DELETE FROM DEPT
    WHERE  CURRENT  OF  C_DELE_COURSOR
  FETCH  NEXT  FROM  C_DELE_COURSOR
  INTO  @dno,  @dname,  @snum
END
--关闭游标
CLOSE  C_DELE_COURSOR
--释放游标
DEALLOCATE  C_DELE_COURSOR
```

注意：使用游标的 DELETE 语句，一次只能删除当前游标位置确定的那一行；对使用游标删除行的表，要求有一个唯一索引；使用游标的 DELETE 语句，删除一行后将游标位置向前移动一行。

【实验 12-4】 使用游标编写存储过程，统计学生的选课情况（显示学生姓名、选修的课程号及选修课程的门数）。

```
USE  JXGL
GO
CREATE  PROCEDURE  SP_S_SC_SUM (@stname  char(10))
AS  BEGIN
DECLARE @sname  char(10), @cno char(10) ,@sum  int
SELECT @sum=0
DECLARE G_SUM  COURSOR  FOR
SELECT sname, cno  FROM  S, SC
WHERE  S.sname=@stname AND S.sno=SC.sno
OPEN  G_SUM
FETCH  NEXT  FROM  G_SUM  INTO  @sname, @cno
WHILE (@@fetch_status=0)
BEGIN  PRINT'学生姓名: '+@sname+''+'课程编号: '+@cno
SELECT @sum=@sum+1
FETCH NEXT FROM G_SUM INTO @sname,@cno
END
```

```
CLOSE G_SUM
DEALLOCATE G_SUM
PRINT '此学生选课门数为：'+STR(@sum)
END
GO
EXEC  SP_S_SC_SUM  李萍
```

【实验 12-5】 以事务的方式向 DEPT 表中插入三个系部的信息：(系号：d001，系名称：地震科学系，系主任：张一山)；(系号：d002，系名称：灾害信息工程系，系主任：王尧嵘)(系号：d003，系名称：防灾工程系，系主任)，其中第三个系部缺少系主任信息。注：DEPT 表的 dheader 属性为 NOT　NULL。

```
USE  JXGL
GO
   BEGIN TRAN  DEPT_TRAN
INSERT  INTO  DEPT (dno,dname,dheader)
VALUES ('d001',  '地震科学系','张一山')
SAVE TRAN AA
INSERT INTO  DEPT(dno,dname,dheader)
VALUES  ('d002',  '灾害信息工程系','王尧嵘')
INSERT INTO DEPT(dno,dname,dheader)
VALUES ('d003','防灾工程系')
GO
IF @@error<>0
   ROLLBACK TRAN AA
GO
COMMIT TRAN DEPT_TRAN
GO
```

注：执行以上脚本，分析回滚操作如何影响分列于事务不同部分的三条插入语句。

【实验 12-6】 以事务的方式修改 S 表中学号为“s001”学生的姓名及性别。

```
USE  JXGL
GO
   BEGIN  TRAN
   UPDATE  S
SET  sname='张天艺'WHERE  sno='S001'
UPDATE  S  SET  sex='随机'  WHERE  sno='S001'
IF @@error<>0
   ROLLBACK TRAN
  ELSE
  COMMIT
GO
```

注：执行上述脚本后，查看对 S 表中学号为“s001”的记录的影响(在前面实验中，S 表的 sex 列存在有 CHECK 约束，约束值为“男”或“女”)。思考如果以非事务的方式修改

数据，是否对记录产生相同的影响。

5. 实验作业

(1) 定义一个游标 S_COURSOR1，通过游标将学生表 S 中性别为男的学生信息显示出来；

(2) 定义一个游标 S_COURSOR2，通过游标将学生表 S 中记录号为 3 的学生姓名改为“李萍”；

(3) 定义一个游标 S_COURSOR3，通过游标将学生表 S 中“d001”系的学生数据删除；

(4) 使用游标编写存储过程，统计图书的被选为教材的情况(显示书名、选该图书作为教材的课程号，及选用图书作为教材的课程门数)；

(5) 以事务的方式向 BOOK 表中插入三本图书的信息：(书号：b001，书名：数据库原理及应用，出版社：电子工业出版社)；(书号：b002，书名：数据库系统，出版社：机械工业出版社)；(书号：b003，书名：数据库技术，出版社：)，其中第三本书缺少出版社信息。注：BOOK 表的 bpc 属性为 NOT NULL。

6. 实验总结

(1) 实验内容的完成情况；

(2) 对重点实验结果进行分析；

(3) 出现的问题；

(4) 解决方案(列出遇到的问题和解决方法，列出没有解决的问题)；

(5) 收获和体会。

第13章 综合性实验

实验13 SQL程序设计综合

设有一图书借阅管理数据库,包括三个表:图书表、读者表、借阅表。三个表的结构如表13.1、表13.2和表13.3所示。基于图书借阅管理数据库完成下述练习题。

表13.1 图书

列名	说　明	数据类型	约束
图书号	图书唯一的图书号	定长字符串,长度为20	主键
书名	图书的书名	变长字符串,长度为30	空值
作者	图书的编著者名	变长字符串,长度为30	空值
出版社	图书的出版社	变长字符串,长度为30	空值
单价	出版社确定的图书的单价	浮点型,FLOAT	空值

表13.2 读者

列名	说　明	数据类型	约束说明
读者号	读者唯一编号	定长字符串,长度为10	主键
姓名	读者姓名	定长字符串,长度为8	非空值
性别	读者性别	定长字符串,长度为2	非空值
电话	读者联系电话	定长字符串,长度为8	空值
部门	读者所在部门	变长字符串,长度为30	空值

表13.3 借阅

列名	说　明	数据类型	约束说明
读者号	读者的唯一编号	定长字符串,长度为10	外键,引用读者表的主键
图书号	图书的唯一编号	定长字符串,长度为20	外键,引用图书表的主键

续表

列名	说　　明	数 据 类 型	约束说明
借出日期	图书借出的日期	定长字符串,长度为 8,为'yymmdd'	非空值
归还日期	图书归还的日期	定长字符串,长度为 8,为'yymmdd'	空值
备注	借书备注记录	变长字符串,长度为 50	空值
主键:(读者号,图书号,借出日期)			

(1) 用 SQL 语句创建图书借阅管理数据库,主数据库文件逻辑名称为 tsgl_data,数据文件的物理名称为 D:\zyx\tsgl_data.mdf,数据文件初始大小为 5MB,最大值为 300MB,数据文件大小以 5MB 增量增加。日志文件逻辑名称 tsgl_log,事务日志文件物理名称 D:\zyx\tsgl_log.ldf,日志文件初始大小为 5MB,最大值 100MB,日志文件大小以 10%的增量增加。

```
CREATE  DATABASE  TSGL
ON  PRIMARY
    (NAME=tsgl_data,
    FILENAME='D:\ZYX\tsgl_data.mdf',
    SIZE=5MB,
    MAXSIZE=500MB,
    FILEGROWTH=5MB)
LOG ON
(NAME=tsgl_log,
    FILENAME='d:\zyx\tsgl_log.ldf',
    SIZE=5MB,
    MAXSIZE=100MB,
    FILEGROWTH=10%)
GO
```

(2) 用 SQL 语句创建上述三个表。

```
CREATE TABLE 图书
(
图书号    char(20)  NOT NULL ,
书名      varchar(30)  NULL ,
作者      varchar(30)  NULL ,
出版社    varchar(30)  NULL ,
单价      float      NULL
)
ALTER TABLE 图书
ADD  CONSTRAINT  PK1  PRIMARY KEY(图书号)
```

等价于:

```
CREATE TABLE 图书
(
图书号   char(20)   PRIMARY KEY ,
书名   varchar(30)   NULL ,
作者   varchar(30)   NULL ,
出版社 varchar(30)   NULL ,
单价   float        NULL
)
```

等价于：

```
CREATE TABLE 图书
(
图书号   char(20)   NOT NULL ,
书名   varchar(30)   NULL ,
作者   varchar(30)   NULL ,
出版社 varchar(30)   NULL ,
单价   float        NULL,
PRIMARY KEY(图书号)
)
```

注：除空值/非空值约束外，其他约束都可定义一个约束名，用 CONSTRAINT <约束名>来定义。如：

```
CREATE TABLE 图书
(
图书号     char(20)   NOT NULL ,
书名       varchar(30)   NULL ,
作者       varchar(30)   NULL ,
出版社     varchar(30)   NULL ,
单价       float        NULL,
CONSTRAINT   PK1   PRIMARY   KEY(图书号)
)
CREATE TABLE 读者
(
读者号     char(10)     PRIMARY   KEY,
姓名       char(8)      NOT NULL ,
性别       char(2)      NOT NULL ,
电话       char(8)      NULL ,
部门       varchar(30)   NULL
)
```

列后的 NULL 空值约束可以省略，因为缺省是 NULL。

```
CREATE TABLE 借阅
(
```

```
读者号   char(10)  NOT NULL ,
图书号   char(20)  NOT NULL ,
借出日期 char(8)   NOT NULL ,
归还日期 char(8)      NULL,
备注     varchar(50),
PRIMARY KEY (读者号, 图书号,借出日期),
FOREIGN KEY (读者号)  REFERENCES  读者(读者号),
FOREIGN KEY (图书号)  REFERENCES  图书(图书号)
)
```

注：除空值/非空值约束外，其他约束都可定义一个约束名，用 CONSTRAINT <约束名>来定义。如：

```
CREATE TABLE 借阅
(
读者号   char(10)  NOT NULL ,
图书号   char(20)  NOT NULL ,
借出日期 char(8)   NOT NULL ,
归还日期 char(8)   NULL,
备注   varchar(50),
       CONSTRAINT  PK2  PRIMARY KEY (读者号, 图书号,借出日期),
       CONSTRAINT  CK2  FOREIGN KEY (读者号)  REFERENCES  读者(读者号),
       CONSTRAINT  CK3  FOREIGN KEY (图书号)  REFERENCES  图书(图书号)
)
```

上述定义中的主键约束，由于涉及表中的两个列，因此只能定义为表级约束。两个外键约束，均可定义在列之后，作为列级约束。但通常定义为表级约束，因为外键定义较长。等价定义为：

```
CREATE TABLE 借阅
(
读者号   char(10)  NOT NULL  FOREIGN KEY (读者号)  REFERENCES  读者(读者号),
图书号   char(20)  NOT NULL  FOREIGN KEY (图书号)  REFERENCES  图书(图书号),
借出日期 char(8)   NOT NULL ,
归还日期 char(8)   NULL,
备注   varchar(50),
PRIMARY KEY (读者号,图书号,借出日期)
)
```

也等价于：

```
CREATE TABLE 借阅
(
读者号   char(10)  NOT NULL  REFERENCES  读者(读者号),
图书号   char(20)  NOT NULL  REFERENCES  图书(图书号),
借出日期 char(8)     NOT NULL ,
```

```
归还日期 char(8)     NULL,
备注  varchar(50),
PRIMARY KEY (读者号,图书号,借出日期)
)
```

(3) 基于图书借阅数据库的三个表,用 SQL 语言完成以下各项操作。

① 给图书表增加一列 ISBN,数据类型为 CHAR(10)。

```
ALTER TABLE  图书
ADD  ISBN  char(10)
```

② 为刚添加的 ISBN 列增加缺省值约束,约束名为 ISBNDEF,缺省值为'7111085949'。

```
ALTER TABLE  图书
ADD  CONSTRAINT ISBNDEF  DEFAULT  '7111085949'FOR ISBN
```

③ 为读者表的"电话"列,添加一个 CHECK 约束,要求前五位"88320",约束名为 CHECKDEF。

```
ALTER TABLE  读者
ADD  CONSTRAINT  CHECKDEF
CHECK (电话 LIKE '(88320)[0-9][0-9][0-9]')
```

④ 删除图书表中 ISBN 列增加缺省值约束。

```
ALTER TABLE 图书
DROP  CONSTRAINT  ISBNDEF
```

⑤ 删除读者表中"电话"列的 CHECK 约束。

```
ALTER  TABLE  读者
DROP  CONSTRAINT  CHECKDEF
```

⑥ 删除图书表中新增的列 ISBN。

```
ALTER TABLE 图书
DROP  COLUMN  ISBN
```

(4) 基于图书借阅数据库的三个表,用 SQL 语言完成以下数据更新操作。

① 向读者表加入一个新读者,该读者的信息为:('200197', '王小平', '男', '88320732','物理系')。

```
INSERT INTO 读者 VALUES ('200197', '王小平', '男', '88320732 ', '物理系')
```

② 向借阅表插入一个借阅记录,表示读者"王小平"借阅了一本书,图书号为"TP316/ZW6",借出日期为当天的日期,归还日期为空值。

```
INSERT INTO 借阅
VALUES('200197','TP316/ZW6',CONVERT(char(8),GETDATE(),112),NULL)
```

③ 读者“王小平”在借出上述图书后10天归还该书。

```
UPDATE 借阅 SET 归还日期=借出日期+10
WHERE 读者号=(SELECT 读者号 FROM 读者 WHERE 姓名='王小平')
```

④ 当读者“王小平”按期归还图书时,删除上述借阅记录。

```
DELETE FROM 借阅
WHERE 读者号=(SELECT 读者号 FROM 读者
              WHERE 姓名='王小平')
```

(5) 针对以上三个表,用SQL语言完成以下各项查询。

① 查询全体图书的图书号,书名,作者,出版社,单价。

```
SELECT 图书号,书名,作者,出版社,单价  FROM 图书
```

等价于:

```
SELECT  *  FROM 图书
```

② 查询全体图书的信息,其中单价打八折,并且将该列设置别名为“打折价”。

```
SELECT 图书号,书名,作者,出版社,单价*0.8  打折价          FROM 图书
SELECT 图书号,书名,作者,出版社,单价*0.8  AS  '打折价'   FROM 图书
SELECT 图书号,书名,作者,出版社,'打折价'=单价*0.8         FROM 图书
```

③ 显示所有借阅者的读者号,并去掉重复行。

```
SELECT  DISTINCT 读者号 FROM 借阅
```

若要保留重复行,则用:

```
SELECT  ALL  读者号 FROM 借阅
```

④ 查询所有单价在20到30元之间的图书信息。

```
SELECT * FROM 图书
WHERE 单价 BETWEEN  20  AND  30
```

此句等价于:

```
SELECT * FROM 图书
WHERE 单价>=20.00 AND 单价<=30.00
```

⑤ 查询所有单价不在20到30元之间的图书信息。

```
SELECT  *  FROM  图书
WHERE 单价 NOT  BETWEEN  20.00  AND  30.00
```

此句等价于:

```
SELECT * FROM 图书
WHERE 单价<20  OR 单价>30
```

⑥ 查询机械工业出版社、科学出版社、人民邮电出版社的图书信息。

```
SELECT * FROM 图书
WHERE 出版社 IN ('机械工业出版社', '科学出版社', '人民邮电出版社')
```

此句等价于：

```
SELECT * FROM 图书
WHERE 出版社='机械工业出版社'
        OR 出版社='科学出版社' OR 出版社='人民邮电出版社'
```

⑦ 查询既不是机械工业出版社、也不是科学出版社出版的图书信息。

```
SELECT * FROM 图书
WHERE 出版社 NOT IN ('机械工业出版社', '科学出版社')
```

此句等价于：

```
SELECT * FROM 图书
WHERE 出版社!='机械工业出版社'AND  出版社!='科学出版社'
```

⑧ 查找姓名的第二个字符是“建”并且只有三个字符的读者的读者号和姓名。

```
SELECT 读者号,姓名 FROM 读者 WHERE 姓名 LIKE '_建_'
```

⑨ 查找姓名以“王”开头的所有读者的读者号、姓名。

```
SELECT 读者号,姓名 FROM 读者 WHERE 姓名 LIKE '王%'
```

⑩ 查找姓名以“王”、“张”或“李”开头的所有读者的读者号、姓名。

```
SELECT 读者号,姓名 FROM 读者 WHERE 姓名 LIKE '[王张李]%'
```

⑪查找姓名不是以“王”、“张”或“李”开头的所有读者的读者号、姓名。

```
SELECT 读者号,姓名 FROM 读者 WHERE 姓名 LIKE '[^王张李]%'
```

此句等价于：

```
SELECT 读者号,姓名 FROM 读者 WHERE 姓名 NOT LIKE '[王张李]%'
```

⑫ 查询无归还日期的借阅信息。

```
SELECT * FROM 借阅 WHERE 归还日期 IS NULL
```

不等价于：`SELECT * FROM 借阅 WHERE 归还日期=''`

⑬ 查询有归还日期的借阅信息。

```
SELECT  *  FROM 借阅 WHERE 归还日期  IS NOT NULL
```

⑭ 查询单价在20元以上，30元以下的机械工业出版社出版的图书名及单价。

```
SELECT 书名,单价 FROM 图书
WHERE 出版社='机械工业出版社'AND 单价>20.00 AND 单价<30.00
```

⑮ 查询机械工业出版社或科学出版社出版的图书名,出版社及单价。

```
SELECT 书名,出版社,单价 FROM 图书
WHERE 出版社='机械工业出版社' OR 出版社='科学出版社'
```

⑯ 求读者的总人数。

```
SELECT  COUNT(*)  AS '读者总人数'FROM 读者
```

⑰ 求借阅了图书的读者的总人数。

```
SELECT  COUNT(DISTINCT 读者号) AS  '借阅过图书的读者总人数'
FROM 借阅
```

⑱ 求机械工业出版社图书的平均价格、最高价、最低价。

```
SELECT AVG(单价) AS '平均价',MAX(单价) AS '最高价', MIN(单价) AS '最低价'
FROM 图书
WHERE 出版社='机械工业出版社'
```

⑲ 查询借阅图书本数超过两本的读者号、总本数。并按借阅本数值从大到小排序。

```
SELECT 读者号, COUNT(*) AS  '总本数'
FROM  借阅
GROUP BY 读者号
HAVING  COUNT(*)>2
ORDER BY  COUNT(*)  DESC
```

(6)针对以上三个表,用 SQL 语言完成以下查询。

① 查询读者的基本信息以及借阅情况。

```
SELECT 读者.*,借阅.*
FROM 读者, 借阅
WHERE  读者.读者号=借阅.读者号
```

上述是等值连接,改为自然连接,表示如下:

```
SELECT 读者.*,借阅.图书号,借阅.借出日期,借阅.归还日期
FROM 读者, 借阅
WHERE  读者.读者号=借阅. 读者号
```

② 查询读者的读者号、姓名、借阅的图书名、借出日期、归还日期。

```
SELECT 读者.读者号,姓名,书名,借出日期,归还日期
FROM 读者, 图书,借阅
WHERE  读者.读者号=借阅.读者号 AND 图书.图书号=借阅.图书号
```

③ 查询借阅了机械工业出版社出版,并且书名中包含'数据库'三个字的图书的读者,显示读者号、姓名、书名、出版社,借出日期、归还日期。

```
SELECT 读者.读者号,姓名,书名,出版社,借出日期,归还日期
```

```
FROM 读者,图书,借阅
WHERE  读者.读者号=借阅.读者号 AND 图书.图书号=借阅.图书号
    AND 出版社='机械工业出版社'AND 书名 LIKE '%数据库%'
```

④ 查询至少借阅过 1 本机械工业出版社出版的书的读者的读者号、姓名、书名,借阅本数,并按借阅本数多少降序排列。

```
SELECT 借阅.读者号,姓名,书名, COUNT(借阅.图书号) '借阅本数'
FROM 读者, 图书,借阅
WHERE  读者.读者号=借阅.读者号 AND 图书.图书号=借阅.图书号
         AND 出版社='机械工业出版社'
GROUP BY 借阅.读者号, 姓名,书名
HAVING COUNT(借阅.图书号)>=1
ORDER BY COUNT(借阅.图书号)  DESC
```

⑤ 查询与王平的联系电话相同的读者姓名。

```
SELECT R2.姓名
FROM 读者 R1, 读者 R2
WHERE  R1.办公电话=R2.办公电话 AND R1.姓名='王平'
```

⑥ 查询电话为'88320701'的所有读者的借阅情况,要求包括借阅了书籍的读者和没有借阅的读者,显示他们的读者号、姓名、书名、借阅日期。

```
SELECT 读者.读者号,姓名,图书号,借出日期
FROM 读者 LEFT OUTER JOIN 借阅 ON 读者.读者号=借阅.读者号
WHERE  办公电话='88320701'
```

或者用右连接表示为:

```
SELECT 读者.读者号,姓名,图书号,借出日期
FROM  借阅 RIGHT OUTER JOIN 读者 ON 借阅.读者号=读者.读者号
WHERE  办公电话='88320701'
```

⑦ 查询所有单价小于平均单价的图书号、书名、出版社

```
SELECT  图书号,书名,出版社  FROM 图书
WHERE  单价<(SELECT  AVG(单价) '平均单价'FROM 图书)
```

⑧ 查询'科学出版社'的图书中单价比'机械工业出版社'最高单价还高的的图书书名、单价。

```
SELECT  图书号,单价
FROM 图书
WHERE  出版社='科学出版社'AND 单价>
(  SELECT MAX(单价)
FROM 图书
WHERE 出版社='机械工业出版社')
```

等价于：

```
SELECT 图书号,单价  FROM 图书
WHERE  出版社='科学出版社'AND 单价>ALL
(SELECT 单价 FROM 图书 WHERE 出版社='机械工业出版社')
```

⑨ 查询'科学出版社'的图书中单价比'机械工业出版社'最低单价高的的图书书名、单价。

```
SELECT  图书号,单价  FROM 图书
WHERE  出版社='科学出版社' AND 单价>
(SELECT MIN(单价)  FROM 图书 WHERE 出版社='机械工业出版社')
```

等价于

```
SELECT  图书号,单价  FROM 图书
WHERE  出版社='科学出版社' AND 单价>ANY
(SELECT 单价 FROM 图书 WHERE 出版社='机械工业出版社')
```

⑩ 查询已被借阅过并已归还的图书信息。

```
SELECT  * FROM 图书
WHERE  图书号 IN
(SELECT 图书号 FROM 借阅 WHERE 归还日期 IS NOT NULL)
```

等价于：

```
SELECT * FROM 图书 B1
WHERE  EXISTS
(SELECT  *
FROM 借阅  B2
WHERE  B1.图书号=B2.图书号 AND 归还日期 IS NOT NULL)
```

⑪ 查询从未被借阅过的图书信息。

```
SELECT  * FROM 图书
WHERE  图书号 NOT IN (SELECT 图书号 FROM 借阅)
```

等价于：

```
SELECT  * FROM 图书 B1
WHERE  NOT  EXISTS  (SELECT * FROM 借阅 B2
WHERE  B1.图书号=B2.图书号)
```

⑫ 查询正在借阅的图书信息。

```
SELECT  *  FROM 图书 B1
WHERE  B1.图书号 IN (SELECT B2.图书号 FROM 借阅 B2
WHERE  B1.图书号=B2.图书号 AND B2.归还日期 IS NULL)
```

等价于：

```
SELECT  * FROM 图书 B1
WHERE  EXISTS (SELECT * FROM 借阅 B2
WHERE  B1.图书号=B2.图书号 AND B2.归还日期 IS NULL)
```

⑬ 查询借阅了机械工业出版社出版的书名中含有"数据库"三个字的图书、或者借阅了科学出版社出版的书名中含有"数据库"三个字的图书的读者姓名、书名。

```
SELECT 姓名,书名
FROM 图书,读者,借阅
WHERE  图书.图书号=借阅 .图书号 AND 读者.读者号=借阅.读者号
AND 出版社='机械工业出版社' AND 书名 LIKE '%数据库%'
UNION
SELECT 姓名,书名
FROM 图书,读者,借阅
WHERE  图书.图书号=借阅 .图书号 AND 读者.读者号=借阅.读者号
AND 出版社='科学出版社' AND 书名 LIKE '%数据库%'
```

⑭ 查询借阅了机械工业出版社出版的书名中含有"数据库"三个字的图书并且也借阅了科学出版社出版的书名中含有"数据库"三个字的图书的读者姓名和书名。

```
SELECT 姓名,书名
FROM 图书,读者,借阅
WHERE  图书.图书号=借阅 .图书号 AND 读者.读者号=借阅.读者号
AND 出版社='机械工业出版社' AND 书名 LIKE '%数据库%'
INTERSECT
SELECT 姓名,书名
FROM 图书,读者,借阅
WHERE  图书.图书号=借阅 .图书号 AND 读者.读者号=借阅.读者号
AND 出版社=' 科学出版社' AND 书名 LIKE '%数据库%'
```

注：SQL Server 2000 用的是 T-SQL，T-SQL 没有关键字 INTERSECT，而是用 EXISTS 来实现查询结果的交运算。上述查询在 SQL Server 2000 中应表示为：

```
SELECT 姓名,书名
FROM 图书,读者 R1,借阅
WHERE  图书.图书号=借阅 .图书号 AND R1.读者号=借阅.读者号
AND 出版社='机械工业出版社' AND 书名 LIKE '%数据库%'
AND EXISTS
(SELECT *
FROM 图书,读者 R2,借阅
WHERE  图书.图书号=借阅.图书号 AND R2.读者号=借阅.读者号
AND 出版社='科学出版社' AND 书名 LIKE '%数据库%'
AND R1.读者号=R2.读者号)
```

⑮ 查询借阅了机械工业出版社出版的书名中含有"数据库"三个字的图书但没有借阅科学出版社出版的书名中含有"数据库"三个字的图书的读者姓名和书名。

```
SELECT 姓名,书名
FROM 图书,读者,借阅
WHERE  图书.图书号=借阅.图书号 AND 读者.读者号=借阅.读者号
AND 出版社='机械工业出版社' AND 书名 LIKE '%数据库%'
MINUS
SELECT 姓名,书名
FROM 图书,读者,借阅
WHERE 图书.图书号=借阅.图书号 AND 读者.读者号=借阅.读者号
AND 出版社='科学出版社'AND 书名 LIKE '%数据库%'
```

注：SQL Server 2000 用的是 T-SQL，T-SQL 没有关键字 MINUS 或 EXCEPT，而是用 NOT EXISTS 来表示查询结果的差运算。上述查询在 SQL Server 2000 中应表示为：

```
SELECT 姓名,书名
FROM 图书,读者 R1,借阅
WHERE  图书.图书号=借阅 .图书号 AND R1.读者号=借阅.读者号
AND 出版社='机械工业出版社' AND 书名 LIKE '%数据库%'
AND NOT EXISTS
(SELECT *
FROM 图书,读者 R2,借阅
WHERE  图书.图书号=借阅.图书号 AND R2.读者号=借阅.读者号
AND 出版社='科学出版社' AND 书名 LIKE '%数据库%'
AND R1.读者号=R2.读者号)
```

(7) 基于图书借阅数据库的三个表，完成以下视图的创建

① 建立机械工业出版社图书的视图。

```
CREATE VIEW BOOKVIEW
AS
SELECT *
FROM 图书
WHERE 出版社='机械工业出版社'
```

② 建立所有正在借阅图书的读者号、姓名、书名、借阅日期。

```
CREATE VIEW  CURRBORROWVIEW(读者号,姓名,书名,借阅日期)
AS
SELECT 借阅.读者号,姓名,书名,借出日期
FROM 读者,图书,借阅
WHERE 读者.读者号=借阅.读者号 AND 图书.图书号=借阅.图书号
        AND 归还日期 IS NULL
```

③ 创建一个借阅统计视图，名为 COUNTVIEW，包含读者的读者号和借阅不同图书的总本数。

```
CREATE VIEW COUNTVIEW (读者号,总本数)
```

```
AS
SELECT 读者号,COUNT (DISTINCT 图书号)
FROM 借阅
GROUP BY 读者号
```

④ 创建一个借阅统计视图,名为 COUNTVIEW2,包含借阅不同图书总本数大于两本的读者号和总借阅本数。

```
CREATE VIEW COUNTVIEW2
AS
SELECT  *  FROM  COUNTVIEW
WHERE  总本数>2
```

(8) 创建带输入和输出参数的存储过程 PBOOK,当输入书号时,给出该图书的书名,作者,出版社和被借阅的次数;调用存储过程 PBOOK: 查询书号为"b01"的信息。

```
USE  TSGL
GO
CREATE  PROCEDURE PBOOK
@bno  char(10),
@bcount int  OUTPUT
AS SELECT  @bcount=COUNT(*) FROM 借阅 WHERE 图书号=@BNO
        SELECT 书名, 作者, 出版社,@bcount 被借阅次数
FROM 图书, 借阅
WHERE 图书.图书号=借阅.图书号 AND 借阅.图书号=@BNO
GO
DECLARE @bcounta   int
EXEC PBOOK 'b01', @bcounta OUTPUT
```

(9) 为图书表创建删除触发器,保证被借阅的图书数据不能被删除。

```
CREATE TRIGGER B_DELETE ON 图书
FOR DELETE
AS
    IF (EXISTS (SELECT 图书号 FROM 借阅
    WHERE 图书号 IN
(SELECT 图书号 FROM DELETED)
))
        BEGIN
            PRINT'删除记录操作不能完成!'
            PRINT '该图书为借阅图书。'
            ROLLBACK  TRANSACTION
            RETURN
END
GO
```

(10) 使用 CASE 语句: 查询图书的书名、作者和价位区间,20 元以下显示为 low,

20～100 元显示为 flat，100 元以上显示为 high。

```
USE  TSGL
GO
SELECT 图书名,作者,
CASE
WHEN 单价<10  THEN  'low'
WHEN 20<=单价 AND  单价<=100 THEN  'flat'
WHEN 单价>100  THEN  'high'
END AS 价位区间
FROM 图书
```

附录A JXGL数据库各数据表数据实例

表 A.1 S表

sno	sname	sex	birth	homadd	endate	dno
125011501	李朋	男	19940721	西安市平原路 65 号	20120901	D01
125011502	张兰兰	女	19940615	长沙市雨花路 88 号	20120901	D01
125011503	晏奔	男	19940525	株洲市开元路 16 号	20120901	D01
125021101	杨明	男	19940321	北京和平里 189 号	20120901	D02
125021103	田艳	女	19940428	新乡市新飞大道 110 号	20120901	D02
125032101	谷慧彦	女	19940302	长沙市韶山南路 129 号	20120901	D03
125032102	刘陈宇	男	19940506	青岛市南京路 89 号	20120901	D03
125041103	赵奕飞	男	19940807	衡阳市衡山南路 119 号	20120901	D04
125041101	张成	男	19930912	北京新外大街甲八号	20120901	D04
125041102	张心怡	女	19940811	新乡市建设路 45 号	20120901	D04
125051501	陈墨轩	男	19940809	上海市中山北路 281 号	20120901	D05
125051502	姜雨涵	女	19940502	苏州市青年东路 256 号	20120901	D05

表 A.2 DEPT表

dno	dname	dheader	snum
D01	地震科学系	张明远	1600
D02	防灾工程系	李志强	1560
D03	防灾仪器系	王文胜	1762
D04	灾害信息工程系	刘道	1895
D05	经济管理系	方熠	1634
D06	人文社科系	郭敬华	1587
D07	外语系	李勤裕	1486

表 A.3　BOOK 表

bno	bname	author	bpc	price
B01	数据库系统概论	王珊	高等教育出版社	33.8
B02	数据库原理与应用	庞国莉	清华大学出版社	29.5
B03	SQL Server 实用教程	郑阿奇	电子工业出版社	42.0
B04	C 语言程序设计	苏小红	高等教育出版社	43.0
B05	C 程序设计	姚国清	航空工业出版社	32.0
B06	计算机网络	谢希仁	电子工业出版社	39.0
B07	人工智能及其应用	王万良	高等教育出版社	41.3
B08	计算机常用工具软件实用教程	陈盈	清华大学出版社	33.0
B09	Access 数据库程序设计教程	刘钢	清华大学出版社	29.8
B10	自然灾害	陈颙	北京师范大学出版社	48.0
B11	数据结构(C 语言版)	朱站立	电子工业出版社	40.0
B12	信息管理教程	张广钦	北京大学出版社	33.0

表 A.4　C 表

cno	cname	credit	cpno	tperiod	bno
2008803	灾害学概论	2		32	B10
2008918	信息管理概论	2		32	B12
2008583	数据库原理	4	2008579	64	B01
2008579	数据结构	5	2008010	80	B11
2008010	C 语言程序设计	5		80	B04
2008584	数据库原理及应用	4	2008010	64	B09
2008390	计算机网络	5		80	B06
2008912	人工智能	4	2008390	64	B07
2010245	实用软件应用	4		64	B08
2008140	C 语言程序设计	3		48	B05

表 A.5　SC 表

sno	cno	grade	time
125011501	2008803	89	第一学期
125011502	2008803	80	第一学期
125011503	2008803	78	第一学期
125021101	2008803	90	第一学期

续表

sno	cno	grade	time
125021103	2008803	78	第一学期
125032101	2008803	911	第一学期
125032102	2008803	76	第一学期
125041103	2008803	89	第一学期
125041101	2008803	67	第一学期
125041102	2008803	70	第一学期
125051501	2008803	67	第一学期
125051502	2008803	80	第一学期
125011501	2008010	89	第二学期
125011502	2008010	76	第二学期
125011503	2008010	70	第二学期
125021101	2008140	71	第二学期
125021103	2008140	77	第二学期
125032101	2008140	90	第二学期
125032102	2008140	80	第二学期
125041103	2008010	81	第二学期
125041101	2008010	87	第二学期
125041102	2008010	76	第二学期
125041103	2008918	87	第二学期
125041101	2008918	76	第二学期
125041102	2008918	80	第二学期
125041103	2008583	78	第四学期
125041101	2008583	67	第四学期
125041102	2008583	90	第四学期
125041103	2008579	74	第三学期
125041101	2008579	65	第三学期
125041102	2008579	80	第三学期
125051501	2008584	89	第三学期
125051502	2008584	76	第三学期
125051501	2010245	73	第二学期
125051502	2010245	77	第二学期
125041101	2008390	67	第三学期
125041102	2008390	81	第三学期
125041103	2008390	72	第三学期

附录B SQL Server 基本数据类型

1. 字符数据类型

字符数据类型包括 char、varchar、nchar、nvarchar、text 以及 ntext 如表 B.1 所示。这些数据类型用于存储字符数据。varchar 和 char 类型的主要区别是数据填充。如果有一表列名为 Sname 且数据类型为 varchar(20)，同时将列值 Angel 存储到该列中，则物理上只存储 5 个字节。但如果在数据类型为 char(20)的列中存储相同的值，将使用全部 20 个字节。SQL 将插入拖尾空格来填满 20 个字符。

表 B.1 字符数据类型

数据类型	描　述	存储空间
char(n)	固定长度的非 Unicode 数据，N 为 1～8000 字符之间	n 字节
nchar(n)	固定长度的 Unicode 数据，最大长度为 4000 个字符	2n 字节
text	可变长度的非 Unicode 数据，最多为 $2^{31}-1$ 个字符	每字符 1 字节
ntext	可变长度的 Unicoce 数据，最多为 $2^{30}-1$ 个字符	每字符 2 字节
varchar(n)	可变长度的非 Unicode 数据，N 为 1～8000 之间	每字符 1 字节
nvarchar()	可变长度的 Unicode 数据，其最大长度为 4000 字符	每字符 2 字节

nvarchar 数据类型和 nchar 数据类型的工作方式与对等的 varchar 数据类型和 char 数据类型相同，但这两种数据类型可以处理国际性的 Unicode 字符。它们需要一些额外开销。以 Unicode 形式存储的数据为一个字符占两个字节。如果要将值 Angel 存储到 nvarchar 列，它将使用 10 个字节；而如果将它存储为 nchar(20)，则需要使用 40 字节。由于这些额外开销和增加的空间，应该避免使用 Unicode 列，除非确实有需要使用它们的业务或语言需求。

text 数据类型用于在数据页内外存储大型字符数据。应尽可能少地使用这两种数据类型，因为可能影响性能但可在单行的列中存储多达 2GB 的数据。

2. 精确数值数据类型

数值数据类型包括 bit、tinyint、smallint、int、bigint、numeric、decimal、money、float 以

及 real 如表 B.2 所示。这些数据类型都用于存储不同类型的数字值。第一种数据类型 bit 只存储 0 或 1，在大多数应用程序中被转换为 true 或 false。bit 数据类型非常适合用于开关标记，且它只占据一个字节空间。其他常见的数值数据类型如表 B.2 所示。

B.2 精确数值数据类型

数据类型	描 述	存储空间
bit	0、1 或 Null	1 字节(8 位)
tinyint	0～255 之间的整数	1 字节
smallint	从 -2^{15} 到 $2^{15}-1$ 的整数数据	2 字节
int	从 -2^{31} 到 $2^{31}-1$ 的整型数据	4 字节
bigint	从 -2^{63} 到 $2^{63}-1$ 的整型数据	8 字节
numeric/decimal (p,s)	带定点精度和小数位数的数值，从 $-10^{38}+1$ 到 $10^{38}-1$	最多 17 字节
money	介于 -2^{63} 与 $2^{63}-1$ 之间，精确到货币单位的千分之十	8 字节
smallmoney	介于 −214748.3648 与 214748.3647 之间，精确到货币单位的千分之十	4 字节

decimal 和 numeric 数值数据类型可存储小数点右边或左边的变长位数。数值范围(Scale)是小数点右边的位数，精度(Precision)定义了总位数，包括小数点右边的位数。例如：25.37165 可为 numeric(7,5)或 decimal(7,5)。如果将 25.37 插入到 numeric(5,1)列中，它将被舍入为 25.4。

3. 近似数值数据类型

包括数据类型 float 和 real，如表 B.3 所示。它们用于表示浮点数据。由于它们是近似的，因此不能精确地表示所有值。

表 B.3 近似数值数据类型

数据类型	描 述	存储空间
float	从 −1.79E+308 到 1.79E+308 的浮点精度数字	
real	从 −3.04E+38 到 3.04E+38 的浮点精度数字	4 字节

float(n)中的 n 是用于存储该数尾数(mantissa)的位数。SQL Server 对此只使用两个值。如果指定位于 1～24 之间，SQL 就使用 24。如果指定 25～53 之间，SQL 就使用 53。当指定 float()时(括号中为空)，默认为 53。

4. 二进制数据类型

binary、varbinary、image 等二进制数据类型，如表 B.4 所示，用于存储二进制数据，如图形文件、Word 文档或 MP3 文件。其值为十六进制的 0x0～0xf。image 数据类型可在数据页外部存储最多 2GB 的文件。

表 B.4 二进制数据类型

数据类型	描述	存储空间
binary(n)	固定长度的 n 个字节二进制数据，n 介于 1 到 8000 之间	n+4 字节
image	可变长度的二进制数据，最大长度为 $2^{31}-1$ 个字节	每字符 1 字节
varbinary(n)	n 个字节可变长二进制数据，n 介于 1 到 8000 之间	n+4 字节

5. 日期和时间数据类型

datetime 和 smalldatetime 数据类型用于存储日期和时间数据，如表 B.5 所示。smalldatetime 为 4 字节，存储 1900 年 1 月 1 日到 2079 年 6 月 6 日之间的时间，且只精确到最近的分钟。datetime 数据类型为 8 字节，存储 1753 年 1 月 1 日至 9999 年 12 月 31 日之间的时间，且精确到最近的 3.33 毫秒。

表 B.5 日期时间数据类型

数据类型	描述	存储空间
date	9999 年 1 月 1 日～12 月 31 日	3 字节
datetime	1753 年 1 月 1 日～9999 年 12 月 31 日，精确到 3.33 毫秒	8 字节
datetime2(n)	9999 年 1 月 1 日～12 月 31 日，0～7 之间的 n 指定小数秒	6～8 字节
datetimeoffset(n)	9999 年 1 月 1 日～12 月 31 日，0～7 之间的 n 指定小数秒 +/－偏移量	8～10 字节
smalldatetime	1900 年 1 月 1 日～2079 年 6 月 6 日，精确到 1 分钟	4 字节
time(n)	小时:分钟:秒，9999999，0～7 之间的 n 指定小数秒	3～5 字节

SQL Server 2008 有 4 种与日期相关的新数据类型：datetime2、dateoffset、date 和 time。通过 SQL Server 联机丛书可找到使用这些数据类型的示例。

6. 其他系统数据类型

还有一些之前未见过的数据类型，如表 B.6 所示。

表 B.6 其他数据类型

数据类型	描述	存储空间
cursor	包含一个对光标的引用和可以只用作变量或存储过程参数	不适用
hierarchyid	包含一个对层次结构中位置的引用	1～892 字节 +2 字节

续表

数据类型	描述	存储空间
sql_variant	可能包含任何系统数据类型的值,除了 text、ntext、image、timestamp、xml、varchar(max) nvarchar(max)、varbinary(max)、sql_variant 以及用户定义的数据类型。最大尺寸为 8000 字节数据+16 字节(或元数据)	8016 字节
table	存储用于进一步处理的数据集。定义类似于 Create Table。主要用于返回表值函数的结果集,它们也可用于存储过程和批处理中	取决于表定义和存储的行数
timestamp 或 rowversion	对于每个表来说是唯一的、自动存储的值。通常用于版本戳,该值在插入和每次更新时自动改变	8 字节
uniqueidentifier	可以包含全局唯一标识符(Globally Unique Identifier, GUID)。guid 值可以从 Newid()函数获得。这个函数返回的值对所有计算机来说是唯一的。尽管存储为 16 位的二进制值,但它显示为 char(36)	16 字节
XML	可以以 Unicode 或非 Unicode 形式存储	最多 2GB

附录C 常用函数

表 C.1 聚合函数

函数名称	参数类型	返回类型	功能
AVG(expression)	精确数字或近似数字数据类型(bit 类型除外)	由表达式的运算结果类型决定	返回组中值的平均值,空值将被忽略
BINARY _ CHECKSUM (expression)	任何类型的表达式	二进制值	返回对表中的行或表达式列表计算的二进制校验值
CHECKSUM (expression)	除非可比数据类型之外的任何类型的表达式	int	返回对表中的行或在表达式列表上计算的校验值
CHECKSUM_AGG (expression)	int	int	返回组中值的校验值,空值将被忽略
COUNT(expression)	除 uniqueidentifier、tex、image 或 ntext 以外任何类型的表达式	int	返回组中项目的数量
COUNT_BIG (expression)	同上	bigint	返回组中项目的数量
GROUPING(column_name)	是 GROUP BY 子句中用于检查 CUBE 或 ROLLUP 空值的列	int	产生一个附加的列
MAX(expression)	常量、列名、函数以及算术运算符、按位运算符和字符串运算符的任意组合	与表达式类型相同	返回表达式的最大值
MIN(expression)	同上	与表达式类型相同	返回表达式的最小值
SUM(expression)	同上	以最精确的表达式数据类型返回所有表达式值的和	返回表达式中所有值的和,只能用于数字列

续表

函数名称	参数类型	返回类型	功能
STDET(expression)	精确数字或近似数字数据类型(bit类型除外)	float	返回给定表达式中所有值的统计标准偏差
STDEVP(expression)	同上	float	返回给定表达式中所有值的填充统计标准偏差
VAR(expression)	同上	float	返回给定表达式中所有值的统计方差
VARP(expression)	同上	float	返回给定表达式中所有值的填充的统计方差

表 C.2 数学函数

函数名称	参数类型	返回类型	功能
ABS(numeric_expression)	精确数字或近似数字数据类型(bit类型除外)	与参数类型相同	返回给定数字表达式的绝对值
ACOS(float_expression)	float 或 real	float	反余弦函数,返回以弧度表示的角度值
ASIN(float_expression)	float	float	反正弦函数,返回以弧度表示的角度值
ATAN(float_expression)	float	float	反正切函数,返回以弧度表示的角度值
ATN2(float_expression1, float_expression2)	float	float	反正切函数,返回以弧度表示的角度值,该角度值的正切介于两个给定的 float 表达式之间
CEILING(numeric_expression)	精确数字或近似数字数据类型类别的表达式(bit类型除外)	与参数类型相同	返回大于或等于所给数字表达式的最小整数
COS(float_expression)	float	float	返回给定的表达式中给定角度(以弧度为单位)的三角余弦值
COT(float_expression)	float	float	返回给定的表达式中给定角度(以弧度为单位)的三角余切值
DEGREES(numeric_expression)	精确数字或近似数字数据类型类别的表达式(bit类型除外)	与参数类型相同	当给出以弧度为单位的角度时,返回相应的以度数为单位的角度
EXP(float_expression)	float	float	返回所给的 float 表达式的指数值

续表

函数名称	参数类型	返回类型	功能
FLOOR(numeric_expression)	精确数字或近似数字数据类型类别的表达式(bit类型除外)	与参数类型相同	返回小于或等于所给数字表达式的最大整数
LOG(float_expression)	float	float	返回给定 float 表达式的自然对数
LOG10(float_expression)	float	float	返回给定 float 表达式的以10为底的对数
P1()	无参数	float	返回 P1 的常量值
POWER(numeric_expression, y)	numeric_expression 是精确数字或近似数字数据类型类别的表达式(bit类型除外),y是 numeric_expression 的次方	与 numeric_expression 类型相同	返回给定表达式指定次方的值
RANDLANS(numeric_expression)	同上	同上	对于在数字表达式中输入的度数值返回弧度值
RAND([seed])	Tinyint、smallint 或 int	float	返回0～1之间的随机 float 值
ROUNE(numeric_expression)	精确数字或近似数字数据类型类别的表达式(bit类型除外)	与参数类型相同	返回数字表达式并四舍五入为指定的长度或精度
SIGN(numeric_expression)	同上	float	判断给定表达式的正、负,返回+1、0或-1
SIN(float_expression)	float	float	以近似数字(float)表达式返回给定角度(以弧度为单位)的三角正弦值
SQUARE(float_expression)	float	float	返回给定表达式的平方
SQRT (float_expression)	float	float	返回给定表达式的平方根
TAN (float_expression)	float 或 real	float	返回给定表达式的正切值

表 C.3　字符串函数

函数名称	参数类型	返回类型	功能
ASCII(character_expression)	char 或 varchar	int	返回字符表达式最左端字符的 ASCII 代码值
CHAR(integerexpression)	0～255之间的整数	char(1)	将 int ASCII 代码转换为字符
CHARINDEX (expression1,expression2)	任何表达式	int	返回字符串中指定表达式的起始位置

续表

函数名称	参数类型	返回类型	功 能
DIFFERENCE(character_expression,character_expression)	char 或 varchar 的表达式	int	以整数返回两个字符表达式的 SOUNDEX 值之差
LEFT(character_expression, integer_expression)	character_expression 是字符或二进制数据表达式,integer_expression 是整数	varchar	返回从字符串左边开始指定个数的字符
LEN(string_expression)	字符串表达式	int	返回给定字符串表达式的字符(而不是字节)个数,其中不包含尾随空格
LOWER(character_expression)	字符或二进制数据表达式	varchar	将大写字符数据转换为小写字符数据后返回字符表达式
LTRIM(character_expression)	字符或二进制数据表达式	varchar	删除起始空格后返回字符表达式
NCHAR(integerexpression)	0～65535 之间的所有正整数	Nchar(1)	根据 Unicode 标准所进行的定义,用给定整数代码返回 Unicode 字符
PATINDEX('%pattern%', expression)	pattern 是短字符数据类型的表达式;expression 是字符串数据类型的表达式	int	返回指定表达式中某模式第一次出现的起始位置
REPLACE('string_expression1', 'string_expression2', 'string_expression3')	三个参数都是字符串表达式	字符数据或二进制数据	用第三个表达式替换第一个表达式中出现的第二个表达式中的字符串
QUOTENAME('character_string'[,'quote_character'])	character_string 是 unicode 字符数据字符串;quote_character 是单字符字符串	Nvarchar(129)	返回带有分隔符的 unicode 字符串
REPLACE(character_expression, integer_expression)	character_expression 是字母数字表达式;integer_expression 是正整数	varchar	以指定的次数重复字符表达式
REVERSE(character_expression)	字符数据组成的表达式	varchar	返回字符表达式的反转
RIGHT(character_expression, integer_expression)	character_expression 是字符数据组成的表达式;integer_expression 是正整数	varchar	返回字符串中从右边开始指定个数的 integer_expression 字符
RTRIM(character_expression)	字符数据组成的表达式	varchar	截断所有尾随空格后返回一个字符串

续表

函数名称	参数类型	返回类型	功能
SOUNDEX(character_expression)	字符数据的字母数字表达式	char	返回由四个字符组成的代码(SOUNDEX)以评估两个字符串的相似性
SPACE(integerexpression)	正整数	char	返回由重复的空格组成的字符串
STR(float_expression[,length[,decimal]])	float_expression 是 float 型表达式;length 是正整数;decimal 是正整数	char	由数字数据转换来的字符数据
STUFF(character_expression,start,length,character_expression)	character_expression 是字符数据组成的表达式;start 是整数值;length 是整数值	字符数据或二进制数据	删除指定长度的字符并在指定的起始点插入另一组字符
SUBSTRING(expression,start,length)	expression 是任意字符串,start 和 length 都是整数	同上	返回字符、binary,text 或 image 表达式的一部分
UNICODE('ncharacter_expression')	nchar 或 nvachar 的表达式	int	按照 unicode 标准的定义,返回输入表达式的第一个字符的整数值
UPPER(character_expression)	字符数据组成的表达式	varchar	返回将小写字符数据转换为大写的字符表达式

C.4 日期和时间函数

函数名称	参数类型	返回类型	功能
DATEADD(datepart,Number,date)	——	datetime 或 smalldatetime	在向指定日期加上一段时间的基础上,返回新的 datetime 值
DATEDIFF(datepart,Startdate,enddate)	三个参数都是日期型	integer	返回两个指定日期的日期和时间边界数
DATENAME(datepart,date)	日期型	nvarchar	返回代表指定日期的指定日期部分的字符串
DATEPART(datepart,date)	日期型	int	返回代表指定日期的指定日期部分的整数
DAY(date)	日期型	int	返回代表指定日期的天的日期部分的整数
GETDATE()	无参数	datetime	按 datetime 值的 SQL Server 标准内部格式返回当前系统日期和时间
GETUTCDATE()	无参数	datetime	返回表示当前 UTC 时间的 datetime 值

续表

函数名称	参数类型	返回类型	功　　能
MONTH(date)	datetime 或 smalldatetime 类型的表达式	int	返回表示指定日期月份的整数
YEAR(date)	同上	int	返回表示指定日期年份的整数

表 C.5　文本和图像函数

函数名称	功　　能
PATINDEX	返回指定表达式中某模式第一次出现的起始位置
TEXTPTR	以 varbinary 格式返回对应于 text、ntext 或 image 列的文本指针值
TESTVALID	用于检查给定文本指针是否有效

表 C.6　系统函数

函数名称	功　　能
APP_NAME()	返回与当前连接相关联的应用程序的名字
CASE 表达式	计算条件列表并返回多个可能结果表达式之一
CAST 和 CONVERT	将某种数据类型的表达式显示转换为另一种数据类型，CAST 和 CONVERT 提供相似的功能
COALESCE	返回其参数中第一个非空表达式
COLLATIONPROPERTY	返回给定排序规则的属性
CURRENT_TIMESTAMP	返回当前的日期和时间
CURRENT_USER	返回当前的用户
DATALENGTH	返回任何表达式所占用的字节数
@@ERROR	返回最后执行的 T-SQL 语句的错误代码
Fn_helpcollations	返回 SQL Server 支持的所有排序规则的列表
Fn_servershareddrives	返回由群集服务器使用的共享驱动器名称
Fn_virtualfilestats	返回对数据库文件(包括日志文件)的 I/O 统计
FOMATMESSAGE	从 sysmessges 现有的消息构造消息
GETANSINULL	返回会话的数据库的默认设置为空
HOST_ID	返回工作站标示号
HOST_NAME	返回工作站名称
IDENT_CURRENT	返回为任何会话和任何作用域中的指定表最后生成的标识值
IDENT_INCR	返回增量值，该值是在带有标识列的表或视图中创建标识列时指定的
IDENT_SEED	返回种子值，该值是在带有标识列的表或视图中创建标识列时指定的

续表

函数名称	功能
@@IDENTITY	返回最后插入的标识值
IDENTITY(函数)	只用在带有 INTO TABLE 子句的 SELECT 语句中,以将标识列插入到新表中
ISDATE	确定输入表达式是否为有效的日期
ISNULL	使用指定的替换值替换 NULL
ISNUMERIC	确定表达式是否为一个有效的数字类型
NEWID	创建 uniqueidentifier 类型的唯一值
NULLIF	如果两个指定的表达式相等,则返回空值
PARSENAME	返回对象名的指定部分
PERMISSIONS	返回一个包含位图的值,表明当前用户的语句,对象或列权限
@@ROWCOUNT	返回受上一语句影响的行数
ROWCOUNT BIG	返回受执行的最后一个语句影响的行数
SCOPE IDENTITY	返回插入到同一作用域中的 IDENTITY 列内的最后一个 IDENTITY 值
SERVERPROPERTY	返回有关服务器实例的属性信息
SESSIONPROPERTY	返回会话的 SET 选项设置
SESSION_USER	当未指定默认值时,允许将系统为当前系统用户名提供的值插入表中
STATS_DATE	返回最后一次更新指定索引统计的日期
SYSTEM_USER	当未指定默认值时,允许将系统为当前系统用户名提供的值插入表中
@@TRANCOUNT	返回当前连接的活动事务数
USER_NAME	返回给定标识号的用户数据库用户名

附录 D 常用系统存储过程

表 D.1 存储过程名称与功能说明

过 程 名	功 能 说 明
SP_ADD_LOG_FILE_RECOVER_SUSPECT_LIB	当数据库的复原不能完成时，向文件组增加一个日志文件
SP_ADD_TARGETSERVERGROUP	增加指定的服务器组
SP_ADD_TARGETSVRGRP_MEMBER	在指定的目标服务器组增加一个目标服务器
SP_ADDAPPROLE	在数据库里增加一个特殊的应用程序角色
SP_EXTENDEDPROC	在系统中增加一个新的扩展存储过程
SP_ADDGROUP	在当前数据库中增加一个组
SP_ADDLOGIN	创建一个新的登录账户
SP_ADDMESSAGE	在系统中增加一个新的错误信息
SP_ADDROLE	在当前数据库中增加一个角色
SP_ADDROLEMEMBER	为当前数据库中的一个角色增加一个安全性账户
SP_ADDSRVROLEMEMBER	为固定的服务器角色增加一个成员
SP_ADDTYPE	创建一个用户定义的数据类型
SP_ADDUMPDEVICE	增加一个设备备份
SP_ATTACH_DB	增加数据库到一个服务器中
SP_BINDEFAULT	把缺省绑定到列或者用户定义的数据类型上
SP_BINGRULE	把规则绑定到列或者用户定义的数据类型上
SP_CHANGEOBJECTOWNER	改变对象的所有者
SP_COLUMN_PRIVILEGES	返回列的权限信息
SP_CONFIGURE	显示或者修改当前服务器的全局配置
SP_CREATESTATS	创建单列的统计信息
SP_CURSORCLOSE	关闭和释放游标

续表

过 程 名	功能说明
SP_DATABASE	列出当前系统中的数据库
SP_DBOPTION	显示和修改数据库选项
SP_DBREMOVE	删除数据库和该数据库相关的文件
SP_DEFAULTDB	设置登录账户的默认数据库
SP_DELETE_TARGETSERVERGROUP	删除指定目标服务器组
SP_DELETE_TARGETSVRGRP_MEMBER	从目标服务器组中删除指定的服务器
SP_DEPENDS	显示数据库对象的依赖信息
SP_DETACH_DB	分离服务器中的数据库
SP_DROP_AGENT_PARAMETER	删除配置文件中一个或者多个参数
SP_DROP_AGENT_PROFILE	删除配置文件
SP_DROPDEVICE	删除数据库或者备份设备
SP_DROPEXTENDEDPROC	删除一个扩展系统存储过程
SP_DROPGROUP	从当前数据库中删除一个角色
SP_DROPLOGIN	删除一个登录账户
SP_DROPROLE	从当前数据库删除一个角色
SP_DROPTYPE	删除一种用户定义的数据类型
SP_DROPUSER	从当前数据库删除一个用户
SP_DROPWEBTASK	删除以前版本定义的 Web 服务
SP_ENUMCODEPAGES	返回一个字符集和代码页的列表
SP_FOREIGNKEYS	返回参看连接服务器的表的主键的外键
SP_GRANTACCESS	在当前数据库中增加一个安全性用户
SP_GRANTLOGIN	允许 NT 用户或者组访问 SQL Server
SP_HELP	报告有关数据库对象的信息
SP_HELPCONTRAIN	返回有关约束的类型，名称等信息
SP_HELPDB	返回执行数据库或者全部数据库信息
SP_HELPDBFIXEDROLE	返回固定的服务器角色列表
SP_HELPDEVICE	返回有关数据库文件的信息
SP_HELPEXTENDEDPROC	返回当前定义的扩展存储过程信息
SP_HELPFILE	返回与当前数据库相关的物理文件信息
SP_HELPGROUP	返回当前数据库中的角色信息
SP_HELPINDEX	返回有关表的索引信息

续表

过 程 名	功能说明
SP_HELPROLE	返回当前数据库的角色信息
SP_HELPROLEMEMBER	返回当前数据库中角色成员的信息
SP_HELPTEXT	显示规则,缺省,存储过程,触发器,视图等对象的未加密的文本定义信息
SP_HELPTRIGGER	显示出发器类型
SP_LOCK	返回有关锁的信息
SP_PRIMARYKEYS	返回主健列的信息
SP_RECOMPILE	使存储过程和触发器在下一次运行时重新编译
SP_RENAME	更改用户创建的数据库对象的名称
SP_RENAMEDB	更改数据库的名称
SP_REVOKEDBACCESS	从当前数据库中删除安全性账户
SP_RUNWEBTASK	执行以前版本中定义的 Web 作业
SP_SERVER_INFO	返回系统的属性和匹配值
SP_SPACEUSED	显示数据库空间的使用情况
SP_STATISTICS	返回表中的所有索引列表
SP_STORED_PROCEDURES	返回环境中所有的存储过程列表
SP_UNBINDDEFAULT	从列或者用户定义的数据类型中解除缺省的绑定
SP_UNBINDRULE	从列或者用户定义的数据类型中解除规则的绑定
SP_VALIDNAME	检查有效的系统账户信息

附录E 配置 ODBC 所需的函数

函数及功能如表 E.1 所示。

表 E.1　函数及功能

函　数	功　能
SQLAllocHandle	分配句柄
SQLFreeHandle	释放句柄
SQLSetEnvAttr	设置环境属性
SQLSetconnectAttr	设置连接属性
SQLSetStmtAttr	设置语句属性
SQLConnect	使用数据源,用户标识和口令作为参数建立与驱动程序和数据源的连接
SQLDriverConnect	使用连接字符串连接数据源
SQLBrowseConnect	用迭代的方法建立连接字符串连接数据源

参考文献

1. 王珊，萨师煊. 数据库系统概论. 4 版. 北京：高等教育出版社，2006.
2. 庞国莉. 数据库原理与应用. 北京：北京交通大学出版社，2010.
3. 王亚平. 数据库系统工程师教程. 2 版. 北京：清华大学出版社，2013.
4. (美)克罗克. 数据库原理. 5 版. 北京：清华大学出版社，2011.
5. 郑阿奇. SQL Server 实用教程. 3 版. 北京：电子工业出版社，2011.
6. (美)尼尔森. SQL Server 2008 宝典. 北京：清华大学出版社，2011.
7. 单维锋，白灵. ASP.NET Web 应用程序设计教程. 北京：北京交通大学出版社，2010.
8. 祝锡永. 数据库：原理、技术与应用. 北京：机械工业出版社，2011.
9. 希赛教育软考学院. 数据库系统工程师考试历年试题分析与解答. 北京：电子工业出版社，2012.
10. http://www.w3school.com.cn.
11. http://www.icourses.cn/home/.
12. http://www.computerworld.com.
13. http://tech.ddvip.com.
14. http://211.71.233.40/eol/homepage/course/layout/page/index.jsp?courseId=12048.
15. http://bbs.csdn.net/.